AF282013

José Luis Verdegay

INTELIGENCIA ARTIFICIAL PARA APRENDICES, ESCOLARES, NOVELES, PRINCIPIANTES Y PÚBLICO EN GENERAL

Granada
2024

© EL AUTOR
© UNIVERSIDAD DE GRANADA
ISBN: 978-84-338-7359-0. Depósito legal: GR./334-2024
Edita: Editorial Universidad de Granada
       Campus Universitario de Cartuja. 18071 Granada
       Telfs.: 958 24 39 30 – 958 24 62 20
       web: editorial.ugr.es

Maquetación: CMD. Granada
Diseño de cubierta: Tarma. Estudio Gráfico
Imprime: Gráficas La Madraza, S.L. Albolote. Granada
Printed in Spain / *Impreso en España*

INTELIGENCIA ARTIFICIAL PARA APRENDICES, ESCOLARES, NOVELES, PRINCIPIANTES Y PÚBLICO EN GENERAL

Contenido

Prólogo

La inteligencia artificial (IA) ha entrado en nuestras vidas apenas sin darnos cuenta pero de forma persistente, tal que, hay muchas actividades de nuestras vidas, tanto lúdicas (hacer turismo, escuchar música, ver una película, etc.) como simples actividades cotidianas (como hacer la compra, hablar con nuestros amigos y familiares, ir al médico) o laborales (en la banca, en la enseñanza, en sanidad, en construcción, etc.), que han cambiado drásticamente en los últimos años y que ya no sabríamos hacerlas sin el soporte de algún dispositivo o sistema basado en IA. Podemos afirmar que hay un antes y un después en nuestras vidas con la llegada de la IA, ya nada será igual. Incluso, podemos afirmar que no sabemos como será el futuro de nuestras vidas debido al fuerte impacto que observamos que la IA está teniendo en estos momentos y que presumiblemente va a tener en el futuro de nuestro mundo. Hay muchos interrogantes que se abren: ¿están en riesgo muchos empleos tal y como los vemos hoy?, ¿vamos a tener sistemas de IA que sean capaces de comportarse en su totalidad como un ser humano?, ¿seremos capaces de controlar el uso negligente de los sistemas IA, como la desinformación?, ¿la IA es una oportunidad de avanzar y ganar en calidad de vida o es un problema?, ¿podrá la IA ayudarnos a encontrar mejores soluciones para paliar problemas de salud, de sequía...?, ¿nos ayudará la IA a ser más felices?, ¿estamos en manos de las grandes corporaciones que están desarrollando los modelos más avanzados de IA?, ¿qué deben hacer los gobiernos para no perder el control de la IA y garantizar un uso responsable de la IA?, etc...

La Universidad de Granada cuenta con grupos de investigación muy fuertes en temas de IA y su aplicación, con gran relevancia científica en el campo de IA tanto por sus trabajos científicos como por los proyectos de investigación básica y aplicada que desarrollan. Así se pone de manifiesto en muchos ranking internacionales como el Shanghái Ranking así como en el reconocimiento científico internacional de su Escuela Técnica Superior de Ingenierías Informática y de Telecomunicación. Esta fortaleza en IA está permitiendo desarrollar en los últimos años en Granada un importante ecosistema tecnológico en IA con empresas internacionales, nacionales y locales que están colaborando junto con la Universidad de Granada y que están decidiendo desarrollar desde Granada un amplio conjunto de proyectos de IA en múltiples áreas.

Por todo ello, en la Universidad de Granada y su Editorial se ha creído oportuno la creación de una colección de TIC y que esta colección vea la luz con un primer libro sobre IA, que arroje luz y conocimiento sobre todos los interrogantes y posibilidades que rodean al mundo de la IA. Creemos que es un compromiso de la Universidad ayudar a la sociedad a entender mejor este fenómeno, con idea de reducir las incertidumbres que aparecen, y con el reto de aportar en esta colección argumentos y fundamentos que hagan entender mejor este mundo de la IA. Por ello este libro se ha escrito con la vocación de ser lo más divulgativo posible y apto para todos los públicos.

Quisiera agradecer al Catedrático de Ciencias de la Computación e IA de la Universidad de Granada, D. José Luis Verdegay Galdeano, que haya aceptado escribir este libro sobre IA para noveles. El Dr. Verdegay es uno de los investigadores referentes nacionales e internacionales en el desarrollo de Sistemas Inteligentes. Fundador de nuestro Departamento de Ciencias de la Computación e IA e impulsor de los estudios de Informática e IA en nuestra Universidad, atesora una gran reputación en la comunidad científica nacional e internacional de IA. Ha sido profesor invitado en múltiples universidades, conferenciante en multitud de congresos nacionales e internacionales sobre IA, ha dirigido y dirige numerosos proyectos sobre IA y su aplicación, ha publicado innumerables artículos científicos sobre IA en revistas internacionales y congresos, ha sido director de tesis y de carreras científicas de muchos de los más brillantes profesores e investigadores en IA que hoy tenemos en la Universidad de Granada, en España y en el Mundo, y ha recibido numerosos reconocimientos científicos como el de Doctor Honoris Causa por la Universidad Central "Marta Abreu" de las Villas (Cuba). A lo largo de su carrera universitaria, su compromiso con nuestra Universidad ha sido total, tanto desde su actividad diaria como profesor en los estudios de Informática, como siendo director del Departamento de Ciencias de la Computación e IA durante muchos años, como coordinador de relacionales internacionales para Latinoamérica, y más recientemente como Vicerrector de TIC. En fin, creo firmemente que este libro de IA se va a convertir en un buen manual para entender de forma sencilla el mundo de la IA que nos rodea, va a ser muy útil para guiar a la gente en este mundo de la IA y va a conseguir con creces reducir las incertidumbres que hoy acechan al mundo de la IA.

Por aceptar este reto, por invitarme a hacer este prólogo, pero muy especialmente, por haber sido mi profesor, mi director de tesis, y mi amigo, y haberme acompañado e impulsado a desarrollar mi carrera universitaria,

¡GRACIAS CURRO!

Enrique Herrera Viedma
Vicerrector de Investigación y
Transferencia del Conocimiento
Catedrático de Ciencias de la Computación e IA
Universidad de Granada

Introducción

No hay duda de que nuestro modo de vida está siendo influenciado por los algoritmos y la inteligencia artificial, y por tanto que nuestro destino parece depender de ellos. Su presencia es constante en los medios, en nuestras conversaciones y en las redes sociales. Las noticias relacionadas con estos temas nos generan preocupación y temor, llegando incluso a sembrar desconfianza. Se habla con certeza acerca de su impacto y consecuencias, pero a menudo eso se hace con un conocimiento limitado, creando escenarios poco realistas o difíciles de justificar desde el punto de vista científico.

La situación no es nueva. Mirando un poco atrás, no hace mucho tiempo, eran muy frecuentes en los medios de comunicación los titulares catastrofistas que culpaban a la Informática de todo lo malo que ocurría, incluso de lo (presuntamente) malo que estaba por llegar. En estos casos, se culpaba al programa informático en lugar de responsabilizar al usuario o al gestor (recordemos el famoso "Efecto 2000" o el caso de manipulación del software de control de emisiones de gases contaminantes en Volkswagen). Aunque hoy en día estos titulares han disminuido, han surgido otros similares pero centrados en los algoritmos. Pero ahora, en lugar de referirse a hechos ocurridos, buscan prever el futuro, generalmente de manera alarmista, advirtiéndonos sobre la pérdida de empleo, las consecuencias de sus decisiones y la irresponsabilidad de sus acciones, entre otros aspectos. Resulta curioso que, a pesar de la creencia generalizada en el ámbito tecnológico de que cualquier tiempo pasado fue peor, al hablar del futuro de la mano de la inteligencia artificial y los algoritmos, la perspectiva se torna incierta, sombría y, en última instancia, pesimista, llegando al extremo de preferir el presente tal como está, a pesar de la incoherencia de tener que defender que cualquier tiempo pasado fue mejor.

Seguramente la justificación de estos dramáticos vaticinios haya que encontrarla en la falta de formación científico-tecnológica que muestra nuestra sociedad, y algunos de sus portavoces, ante materias que cada día producen nuevos avances que hacen antiguos los descubrimientos del día anterior, y por tanto producen un vértigo que nos amedranta porque no nos da tiempo a asimilarlos, empujándonos al rincón del conformismo con lo que ya conocíamos antes.

Pero no tenemos que renunciar a los nuevos adelantos que nos proporciona la tecnología en general, y la inteligencia artificial en particular. Lo que interesa es que la disrupción que puede producir la inteligencia artificial sea tan poco perjudicial como sea posible, para lo que lo mejor es disponer de herramientas que nos ayuden a convivir con ella sacándole el máximo beneficio. Hasta la fecha, la Ciencia ha sido el motor del progreso social y no hay argumentos para pensar que eso no siga siendo así con la inteligencia artificial, con los algoritmos y con todas las aplicaciones basadas en la tecnología. Solo necesitamos por tanto comprender la Ciencia o lo que es lo mismo, tener una mejor formación en el campo que aquí nos interesa.

Federico García Lorca en el discurso que pronunció en la inauguración de la biblioteca de Fuente Vaqueros en 1931 dijo: «Bien está que todos los hombres coman, pero que todos los hombres sepan. Que gocen todos los frutos del espíritu humano porque lo contrario es convertirlos en máquinas al servicio del Estado, es convertirlos en esclavos de una terrible organización social». En ese sentido, y materializando una de las actividades esenciales de la Universidad, como es la de la formación y la difusión del conocimiento a la sociedad, se presenta esta colección dirigida a todas aquellas personas interesadas en conocer mediante un lenguaje sencillo pero riguroso, los fundamentos de las Tecnologías de la Información y la Comunicación, centrándonos en este primer texto en las bases de la Inteligencia artificial, para contribuir a incentivar las acciones formativas sobre esa materia en todos los ámbitos sociales y niveles educativos, como garantía de conocimiento de riesgos y oportunidades y como seguro ante la disrupción que pueda provocar esta tecnología en el mercado de trabajo y la economía.

Esas bases teóricas, complementadas con la descripción de ejemplos y aplicaciones sencillas, se presentan a través de una sucesión de secciones que abordan diferentes aspectos, comenzando con una aproximación al concepto de inteligencia para, a partir de él, analizar cómo se ha definido la inteligencia artificial a través del tiempo, hasta llegar a lo que se entiende hoy día que es. Así mismo se explican los diseños más relevantes para los sistemas basados en inteligencia artificial y se describen los más importantes logros alcanzados a través del tiempo, para finalizar con las metodologías y técnicas más empleadas en la actualidad, causa en muchas circunstancias de la prevención que mostramos ante esta tecnología.

Este texto nunca podría haber visto la luz de no contar con la ayuda y el ánimo constante de la Directora de la Editorial Universidad de Granada, Maribel Cabrera, del Vicerrector de Investigación y Transferencia de la Universidad de Granada, Enrique Herrera Viedma, de todos los miembros del Grupo de Investigación sobre Modelos de Decisión y Optimización: Marcelino Cabrera, Carlos Cruz, Maite Lamata, Pavel Novoa y David Pelta y de Leonardo Bigollo, también conocido como Fibonacci, por no reclamarme sus derechos de autor por utilizar los números de su sucesión, la célebre Sucesión de Fibonacci, para numerar las secciones de este libro.

José Luis Verdegay
Granada, diciembre de 2023

0. Una nueva sociedad

De manera tan silenciosa como rápida la inteligencia artificial (IA) se ha introducido en nuestras vidas y es omnipresente. Así, robots aspiradores, asistentes de navegación y automoción, asistentes virtuales, sistemas de recomendación de productos para el consumo diario o de diagnóstico de enfermedades cuentan con tecnologías que usan IA, produciendo unos cambios tan bruscos en nuestra habitual forma de vida, que nos impulsan hacia una nueva sociedad que exige transformaciones, urgentes y bien meditadas, para poder convivir con los nuevos modos que establecen esos sistemas basados en IA.

Miremos a donde miremos encontramos debates, artículos de prensa, manifiestos, reglamentos, etc. que pretenden establecer la mejor forma de convivir con esta tecnología para prever nuestro futuro en función de ella y, consiguientemente, desarrollar modelos, estrategias y programas de actuación que, en muchos casos, perjudican más que benefician.

En la actualidad una persona que tenga una formación sólida en IA, entendiendo por tal que sea capaz de diseñar algoritmos correctamente, que conozca las diferentes tecnologías que abarca la materia y pueda empezar a producir sistemas verdaderamente basados en IA, que resuelvan los problemas para los que se les ha diseñado, no consigue ese nivel en menos de 5-7 años (4 de grado, 1 de preparación del Trabajo de Fin de Grado y un mínimo de 2 para especializarse en IA, incluyendo por ahora ahí a la Ciencia de Datos o la Robótica). Estas personas, ahora sí, con una muy buena formación, pueden incorporarse al mercado laboral con garantías de éxito para contribuir a la mejora social.

Pero claro, para mejorar la sociedad en el sentido que aquí venimos hablando, es necesario que esa sociedad sepa cuál es el punto en el que se encuentra y tenga capacidad suficiente para discernir entre las distintas opciones (diferentes sistemas presuntamente basados en IA) que se le puedan ofrecer para "mejorar" su vida. Para ello es imprescindible que la ciudadanía, toda la ciudadanía, esté bien formada, es decir, sepa lo que es la IA, tenga acceso a ella y pueda utilizarla. Porque si no, esa ciudadanía, el 99% de nuestra sociedad, tendrá que creerse lo que le cuenten y por tanto estará en manos de quienes diseñan, fabrican y ponen en el mercado los productos basados en IA, ya estén basados en esa tecnología verdaderamente o basados en metodologías estándares ajenas al ámbito de la IA.

El problema es formidable, porque nos jugamos ni más ni menos que el futuro de nuestra sociedad si sigue, como va a seguir, la imparable invasión en nuestra forma de vida de la IA. Sin embargo, a botepronto, la solución parece bien sencilla: necesitamos antes de nada saber lo que es la IA, como se define IA. A partir de ahí, seguro que podemos empezar a distinguir si aquel aparato que compré es un Sistema de Ayuda a la Decisión, un Sistema Experto o un Sistema Automatizado de Decisión que fue entrenado con una red neuronal por un grupo de *hackers* maliciosos o por un equipo de profesionales expertos en IA. Planteemos pues el problema y abordemos su solución.

1. Aproximación a la inteligencia

Dice el refranero español que "por el humo se sabe dónde está el fuego". Parece lo más lógico que para poder entender lo que es la IA veamos que es la inteligencia, porque entonces tendremos la mitad del camino recorrido.

La primera definición científica del concepto, en realidad de lo que es un ser inteligente, sobre la que hay referencias es de H.A. Taine y se remonta a 1875 [Tai]. La definición («El ser inteligente, ya sea hombre o animal, suple sus necesidades, conserva su vida y mejora su condición, con el único objetivo de lograr acoplar correctamente su presente con su futuro próximo o incluso lejano») ha quedado muy desfasada, pero fue muy relevante en su momento y abrió una dinámica vía de trabajo que se mantiene hasta la actualidad, ya que se trata de una noción tan polifacética como subjetiva. Y es que somos capaces de calificar conductas y personas objetivamente, con argumentos que defendemos porque creemos que son imparciales, justos y porque funcionan bien en otras situaciones, pero que a la hora de la verdad, es decir, cuando los aplicamos a nuestro caso particular, dejan de ser objetivos, adecuados y seguros, porque todos creemos que sin excepción lo nuestro es lo mejor. Como consecuencia, surgen muchas definiciones de inteligencia, porque cada cual quiere que prevalezca su concepción de lo que es ser inteligente.

Sin embargo, en [Leg] puede encontrarse una colección de más de 70 definiciones de inteligencia, en cualquier caso bien fundadas y justificadas, que demuestra la imposibilidad práctica de definir de manera consensuada ese concepto. Un concepto que ha sido y es objeto de debate y estudio en diversas disciplinas como la Psicología, la Filosofía y la Neurociencia, pero que sin embargo las personas manejamos con soltura, empleando y comprendiendo en nuestra vida diaria frases tan complejas como "con lo inteligente que eres para algunas cosas; para otras no distingues el so del arre" o "su arte es genial, pero nunca fue a una escuela", y tantas otras.

Todo esto sugiere que quizás lo que entendemos por inteligencia, o lo que es lo mismo, el concepto de inteligencia no sea único, es decir, no haya una única forma de ser inteligente. En esa línea va la teoría de las inteligencias múltiples del psicólogo estadounidense Howard Gardner, para el que «la inteligencia es la capacidad de resolver problemas o elaborar productos que sean valiosos en una o más culturas» [Gar].

Gardner identificó varios tipos de inteligencias, que van más allá de la tradicional noción de inteligencia medida por pruebas que determinan un coeficiente intelectual. Algunos de los tipos de inteligencia que propuso son los siguientes:

— La Inteligencia Lingüística, que se refiere a la habilidad para usar el lenguaje de manera efectiva, tanto en la expresión oral como escrita. Las personas con una inteligencia lingüística desarrollada son buenos comunicadores, tienen facilidad para aprender idiomas, disfrutan de la lectura, la escritura y la retórica.

— La Inteligencia Lógico-Matemática, asociada con el razonamiento lógico, el pensamiento abstracto, la resolución de problemas matemáticos y la capacidad para reconocer patrones y relaciones numéricas. Las personas con esta inteligencia tienden a destacar en el ámbito de las matemáticas, la ciencia y el análisis lógico.

— La Inteligencia Espacial, entendida como la capacidad para percibir y manipular el espacio visual y mentalmente. Las personas con una fuerte inteligencia espacial pueden visualizar objetos y escenarios con facilidad, son hábiles en la navegación espacial y tienen talento para el arte, el diseño y la arquitectura.

— La Inteligencia Musical, que se identifica con la habilidad para apreciar, crear y comprender la música. Las personas con una inteligencia musical desarrollada tienen un oído sensible para el tono, el ritmo y la armonía.

— La Inteligencia Interpersonal por su parte supone la capacidad para entender y relacionarse efectivamente con otras personas. Las personas con una inteligencia interpersonal desarrollada son empáticas, comprensivas y poseen habilidades sociales que les permiten interactuar con éxito en diferentes entornos sociales.

— La Inteligencia Naturalista se relaciona con la capacidad para reconocer y entender el mundo natural, incluyendo la flora, la fauna y los fenómenos naturales. Las personas con esta inteligencia pueden tener una afinidad especial por la naturaleza, ser buenas observadoras de los patrones naturales y tener habilidades en ciencias ambientales.

— La Inteligencia Existencial, también conocida como inteligencia espiritual o filosófica, se refiere a la capacidad para reflexionar sobre cuestiones profundas sobre la existencia, el significado de la vida y la conciencia de sí mismo. Las personas con esta inteligencia tienden a cuestionarse y reflexionar sobre temas filosóficos y espirituales.

— La Inteligencia Creativa, entendida como la capacidad que tiene una persona para generar ideas novedosas y plantear soluciones originales y que por tanto permite desviarse de las vías habituales para encontrar nuevas fórmulas, ayudando así a resolver problemas.

Pero pueden considerarse más, como la Intrapersonal, la Corporal-Kinestésica, la Emocional, la Existencial, etc., sobre las que, junto con las anteriores, conviene destacar que no son mutuamente excluyentes, de modo que cada persona puede tener diferentes combinaciones y grados de desarrollo en estas áreas. La teoría de las inteligencias múltiples sugiere que las personas pueden destacar en diferentes áreas y que la educación y el desarrollo personal deberían tener en cuenta esta diversidad de habilidades y talentos.

Pero esta teoría ni es única, ni cierra el problema. Existen otras definiciones de inteligencia, ya que el tema sigue siendo objeto de estudio y debate en la comunidad científica. Pero entre todas ellas se ha abierto paso la de Marvin Minsky, que podríamos denominar descriptiva, según la cual la inteligencia no es más que la habilidad de resolver problemas difíciles [Min], y que permite, digamos, su particularización a cada área concreta que quisiéramos considerar, en el anterior sentido de Gardner, justificando la imposibilidad práctica de contar con una única definición de inteligencia y habilitando por el contrario escenarios flexibles y por tanto graduales, que permiten a cualquiera ser inteligente, pero en cierto grado.

A partir de esto, es decir, teniendo en cuenta que no hay una única definición de inteligencia, y que de haberla será gradual ¿tiene sentido plantearnos la definición de IA? La respuesta es rotundamente positiva porque necesitamos conocer qué son los sistemas basados en IA, responsables de la transformación social que se avecina de su mano, de modo que seamos capaces de discernir por nosotros mismos y no por lo que nos expliquen terceros.

1. ¿Cómo se ha definido la inteligencia artificial a través del tiempo?

La historia de los computadores, no la de las máquinas de cálculo, no puede remontarse a tiempos anteriores a su existencia. Sin entrar en detalles, prolijos y estériles para los objetivos que aquí perseguimos, el nacimiento de la computación moderna se produce al principio de los años treinta del siglo pasado. La potencia de cálculo y por tanto las posibilidades que se entreveían para abordar problemas inatacables hasta aquellos años, sirvieron de catalizador para que los científicos de entonces, que constituyen sin duda la Generación de Oro de la Computación, comenzaran a plantearse si sería posible que aquellos computadores, aquellos sistemas de cálculo, igual que resolvían problemas mucho mejor que las personas, pudieran llegar a razonar, y por tanto pensar como las personas, es decir, empezaron a vislumbrar una evolución de las clásicas máquinas de cálculo, hacia unas potenciales máquinas pensantes.

Los trabajos de Alan Turing (1912-1954), Alonzo Church (1903-1995), John von Neumann (1903-1957), Claude Shannon (1916-2001), Marvin Minsky (1927-), Allen Newell (1927-1992) y muchos otros apuntaban en esa línea. No habían trabajado todos juntos a la vez en proyecto alguno, habían tenido cierta relación epistolar entre ellos, pero todos trabajaban en la misma dirección, lo que llevó a John McCarthy (1927-2011) a convocar en 1955 la Conferencia de Dartmouth, celebrada finalmente en el verano de 1956 en el *Dartmouth College* en *New Hampshire* (EE.UU.). Esta conferencia se considera el punto de partida oficial del campo de la IA y marcó un hito importante en la historia de la tecnología y la ciencia de la computación.

La conferencia se planteó oficial y formalmente en los siguientes términos [McC]:

> Proponemos que durante el verano de 1956 tenga lugar en el *Dartmouth College (Hanover, New Hampshire)* un estudio que dure 2 meses, para 10 personas. El estudio es para proceder sobre la base de la conjetura de que cada aspecto del aprendizaje o cualquier otra característica de la inteligencia puede, en principio, ser descrito con tanta precisión que puede fabricarse una máquina para simularlo. Se intentará averiguar cómo fabricar máquinas que utilicen el lenguaje, formen abstracciones y conceptos, resuelvan las clases de problemas ahora reservados para los seres humanos, y mejoren por

sí mismas. Creemos que puede llevarse a cabo un avance significativo en uno o más de estos problemas si un grupo de científicos cuidadosamente seleccionados trabajan en ello conjuntamente durante un verano.

Por tanto el objetivo de la conferencia era explorar la posibilidad de crear máquinas capaces de simular el pensamiento humano, es decir que pudieran imitar la inteligencia humana y resolver problemas complejos y aunque las expectativas iniciales fueron altas y algunas de las predicciones realizadas en la conferencia resultaron ser demasiado optimistas, la Conferencia de Dartmouth estableció las bases para la investigación continua en el campo de la IA que a partir de ese momento, y durante varias décadas pasó por períodos de entusiasmo y desilusión, a los que se les ha dado el nombre de veranos e inviernos de la IA, respectivamente.

Pero lo que conviene resaltar es que, independientemente de altibajos, injustificados descréditos o esporádicas faltas de apoyos que se hayan producido a lo largo del tiempo, los conceptos y enfoques discutidos en Dartmouth, como el uso de lenguajes de programación simbólicos y el enfoque en la resolución de problemas a través de la lógica y el razonamiento, han influenciado hasta el momento actual la investigación en esta área.

Había que definir el sujeto de estudio, la IA, y fue John McCarthy quien acuñó el término "inteligencia artificial" y tomó la iniciativa de proponer su primera definición, que estableció en los siguientes términos:

«La IA es la ciencia y la ingeniería de crear máquinas inteligentes, especialmente programas de computación inteligentes».

Reconociendo el valor que tiene la primera definición que se da sobre algún concepto, y por tanto dándole todo el crédito y reconocimiento posible a esta definición de McCarthy, lo cierto es que arroja poca luz sobre la materia a definir, ya que al incluir el término "inteligentes", ni precisado, ni universalmente aceptado, el concepto de IA queda a la libre interpretación de cada cual que quiera citarlo.

Adolece por tanto la IA del mismo problema de partida que el concepto de inteligencia. En definitiva que no se puede definir de una forma que sea aceptada unánimemente, lo que explica que haya todo un extenso catálogo de definiciones de IA que, más que concretar y clarificar el concepto, tratan de describirla empleando el recurso de comprobar si el sistema en cuestión actúa de una manera que pueda entenderse como racional.

Para nuestros objetivos aquí, presentar todas las definiciones de IA es tan improductivo como estéril, pero es bueno conocer las que han alcanzado más reconocimiento, en primer lugar para ver los distintos puntos de vista desde los que se ha abordado este problema, pero también para fortalecer y respaldar la definición de IA que en la actualidad parece ha logrado un mayor consenso.

Estas serían las definiciones de IA que han resultado más influyentes hasta el momento:

— R.E. Bellman (1978): La automatización de actividades que vinculamos con procesos de pensamiento humano, actividades como la toma de decisiones, resolución de problemas o aprendizaje [Bel].

— E. Charniak y D.V. McDermott (1985): El estudio de las facultades mentales mediante el uso de los modelos computacionales [Cha].

— J. Haugeland (1985): El nuevo y excitante esfuerzo de hacer que los ordenadores piensen: máquinas con mentes en el más amplio sentido literal [Hau].

— R. Kurzweil (1990): El arte de desarrollar máquinas con capacidad para realizar funciones que cuando son realizadas por personas requieren inteligencia [Kur].

— R.I. Schalkoff (1990): Un campo de estudio que persigue explicar y emular la conducta humana en términos de procesos computacionales [Sch].

— E. Rich y K. Knight (1991): El estudio de cómo lograr que los computadores realicen tareas que, por el momento, los humanos hacen mejor [Ric].

— P.H. Winston (1992): El estudio de cálculos que hacen posible percibir, razonar y actuar [Win].

— F Luger y W.A. Stubblefield (1993): Es la rama de la Ciencia de la Computación que se ocupa de automatizar las conductas inteligentes [Lug].

Estas definiciones, y otras del mismo tenor, se pueden agrupar desde dos puntos de vista para enfocar las cuatro características esenciales que hay que considerar para medir el comportamiento que pueda tener el sistema objeto de estudio. Desde el primer punto de vista tendríamos definiciones que

— inciden en caracterizar la realización de procesos (P) de pensamiento y razonamiento específicos que procesan la información disponible (de forma inteligente y gradual) o que
— enfocan el comportamiento (orientado al logro de objetivos o eficaz) (O).

Desde el segundo enfocaríamos a las definiciones que

— analizan si se puede medir el desempeño del sistema en función del rendimiento o la eficacia humana (E) y del entorno práctico que se esté considerando, o
— comprueban la conducta del sistema a través de un concepto ideal de inteligencia o conducta, que suele definirse como "racionalidad" (R).

De manera gráfica, la siguiente figura (adaptada de [Des]) representa la anterior categorización de las definiciones según los enfoques y ejes considerados y revela que, independientemente de la definición que usemos, podremos identificar una IA cuando en el correspondiente sistema que estemos observando seamos capaces de reconocer que resuelve el problema para el que se ha diseñado, que lo hace de manera eficaz y racional y que para ello recurre a mecanismos de pensamiento que reproducen formas de conducta de las personas.

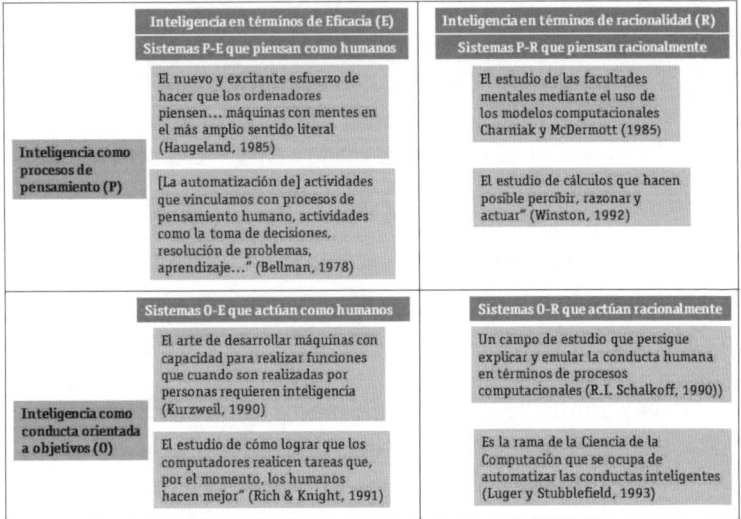

	Inteligencia en términos de Eficacia (E)	Inteligencia en términos de racionalidad (R)
	Sistemas P-E que piensan como humanos	Sistemas P-R que piensan racionalmente
Inteligencia como procesos de pensamiento (P)	El nuevo y excitante esfuerzo de hacer que los ordenadores piensen... máquinas con mentes en el más amplio sentido literal (Haugeland, 1985)	El estudio de las facultades mentales mediante el uso de los modelos computacionales Charniak y McDermott (1985)
	[La automatización de] actividades que vinculamos con procesos de pensamiento humano, actividades como la toma de decisiones, resolución de problemas, aprendizaje..." (Bellman, 1978)	El estudio de cálculos que hacen posible percibir, razonar y actuar" (Winston, 1992)
	Sistemas O-E que actúan como humanos	Sistemas O-R que actúan racionalmente
Inteligencia como conducta orientada a objetivos (O)	El arte de desarrollar máquinas con capacidad para realizar funciones que cuando son realizadas por personas requieren inteligencia (Kurzweil, 1990)	Un campo de estudio que persigue explicar y emular la conducta humana en términos de procesos computacionales (R.I. Schalkoff, 1990))
	El estudio de cómo lograr que los computadores realicen tareas que, por el momento, los humanos hacen mejor" (Rich & Knight, 1991)	Es la rama de la Ciencia de la Computación que se ocupa de automatizar las conductas inteligentes (Luger y Stubblefield, 1993)

Fig. 1. Categorización de las definiciones de IA.

A la vista de todo esto podríamos avanzar un poco más y describir la IA como la disciplina que se ocupa de diseñar y desarrollar algoritmos, modelos y sistemas informáticos capaces de realizar tareas que, para su ejecución, requieren de procesos mentales asociados a la inteligencia humana, como el aprendizaje, el razonamiento, la percepción, el reconocimiento de patrones y la toma de decisiones.

Todo esto llevó a N. Nilsson en 2010 [Nil], a definir la IA como aquella actividad dedicada a hacer inteligentes a las máquinas, entendiendo la inteligencia como aquella cualidad que permite a una entidad funcionar adecuadamente y con previsión en su entorno, enfatizando la capacidad de los computadores para aprender y mejorar su rendimiento a través de la experiencia, así como para resolver problemas y tomar decisiones basadas en el conocimiento adquirido, a la vez que invita a considerar un nuevo elemento: el entorno de trabajo, es decir, las condiciones bajo las que se deberá desempeñar el sistema, produciendo una IA General, de amplio espectro, o una IA especializada, de rango estrecho.

2. ¿Qué se entiende hoy día por inteligencia artificial?

Aunque de entrada el año 2010 no supone un hito especial de cara a la definición de IA, en mi opinión, la presentación aquel año del iPad de Apple supuso la popularización, socialización y democratización de las Tecnologías de la Información y la Comunicación (TIC), provocando la actual revolución digital en la que vivimos y dando un protagonismo insospechado a la IA que, podríamos decir, saltó de las salas de cine a nuestros hogares y comenzando a darse un triple efecto: Por un lado la producción de definiciones de IA disminuye de forma dramática; por otro la presencia de sistemas basados en IA crece de manera exponencial hasta hacerse omnipresente a día de hoy, alcanzando niveles de popularidad, o impopularidad según se mire, inimaginables hace poco tiempo. Finalmente, y no exento de importancia, surge la necesidad de regular el uso de la IA.

Parece obvio que la popularidad o impopularidad, el optimismo o pesimismo con el que a menudo afrontamos el futuro de nuestra sociedad en términos de la IA, no puede basarse en opiniones sin fundamento que produzcan desinformación y por tanto tomas de decisiones erróneas. Es habitual mantener conversaciones en las que se usan con soltura y desahogo términos científicos bastante complicados que, justamente por el desconocimiento que sobre ellos podemos tener, pueden llevarnos a conclusiones equivocadas. No olvidemos que a partir de una hipótesis falsa puede demostrarse cualquier cosa.

Entre esos términos, tres conceptos que juegan un papel fundamental son los de sistema, algoritmo y ecosistema digital, o ecosistema, sobre los que nos detenemos brevemente.

2.1. ¿Qué es un sistema?

En general un sistema es un conjunto de elementos interconectados, organizados y en interacción, que trabajan juntos para lograr un objetivo o propósito específico. Estos elementos pueden ser objetos físicos, conceptos abstractos, procesos, personas, tecnologías u otros componentes que colaboran en una estructura coherente.

Los sistemas pueden encontrarse en una gran variedad de áreas, como la Ciencia, la Tecnología, las Ingenierías, la Biología, la Sociología, la Economía, etc. Particularmente en el contexto de la IA, un sistema es una combinación de algoritmos, datos, modelos y procesos que trabajan juntos para llevar a cabo tareas específicas o simular aspectos de la inteligencia humana. Más precisamente: Un sistema de IA es un conjunto organizado de componentes, que incluyen algoritmos de aprendizaje automático, procesamiento de datos, modelos estadísticos, redes neuronales y otras técnicas, que colaboran para realizar tareas que normalmente requerirían inteligencia humana, como por ejemplo tomar decisiones, procesar lenguaje natural, reconocer patrones, planificar, clasificar y muchas otras.

2.2. ¿Qué es un ecosistema TIC?

Un ecosistema TIC, ecosistema en lo que sigue, puede describirse como un entorno compuesto por organizaciones, individuales o corporativas, y una variedad de plataformas, aplicaciones, servicios y actores TIC interconectados que colaboran, compiten y se complementan entre sí para brindar soluciones integrales y experiencias a los usuarios. Así, cuando a un sistema de IA le añadimos su utilidad práctica, es decir, las aplicaciones y la transferencia a la sociedad, lo que estamos haciendo es incorporarlo al ecosistema en el que se haya desarrollado.

Al igual que un ecosistema natural integra diferentes especies de plantas, animales y microorganismos que interactúan y dependen mutuamente en un entorno físico, un ecosistema TIC engloba una serie de elementos digitales y tecnológicos que interactúan y colaboran, entre los que suele haber:

— Empresas y organizaciones: Compañías que desarrollan tecnologías, productos o servicios relacionados con las TIC, o más particularmente para nuestros intereses, con la IA. Estas empresas pueden variar en tamaño y alcance, incluyendo desde *startups* hasta grandes corporaciones.

— Equipos de investigación y desarrollo: Centros de investigación y laboratorios académicos y científicos que trabajan en el avance de la tecnología y la IA mediante la exploración de nuevas ideas, teorías y conceptos.

— Especialistas que desarrollan y programan algoritmos: Personas o equipos que crean aplicaciones, algoritmos y sistemas utilizando IA y TIC.

— Plataformas y herramientas: Infraestructuras, entornos de desarrollo, kits de herramientas y software que permiten a los desarrolladores crear soluciones basadas en IA y TIC de manera eficiente.

— Datos y conjuntos de datos: La base fundamental de la IA, que consiste en datos relevantes y etiquetados que se utilizan para entrenar y mejorar los modelos de IA.

— Consumidores, usuarios y clientes: Personas y empresas que utilizan y se benefician de todas las soluciones tecnológicas desarrolladas en el ecosistema.

— Inversores y financiación: Individuos, fondos de inversión y entidades públicas o privadas que financian el desarrollo y la expansión de proyectos relacionados con las TIC o la IA.

— Normativas y regulaciones: Un marco legal y ético que rige el desarrollo y la implementación de la IA en particular y de las TIC en general.

— Eventos y conferencias: Reuniones, ferias y conferencias donde los agentes del ecosistema pueden compartir conocimientos, establecer conexiones y promover sus avances.

En definitiva, el objetivo de cualquiera de estos ecosistemas es fomentar la colaboración, la innovación y el intercambio de conocimientos entre los diferentes participantes, contribuyendo a su vez al desarrollo y la adopción exitosa y competitiva de tecnologías emergentes en la industria y en la sociedad que los acoge.

2.3. ¿Qué es un algoritmo?

El concepto de algoritmo es el núcleo de la Ciencia de la Computación, de la Informática, y por tanto de la IA. De forma algo informal pero rigurosa podemos definir algoritmo como una secuencia ordenada de pasos, exentos de ambigüedad, que al llevarse a cabo con fidelidad dará como resultado que se realice la tarea para la que se ha diseñado (se obtenga la solución del problema planteado) en un tiempo finito.

Desde esta perspectiva, para resolver un problema con un computador es necesario, en principio, diseñar un algoritmo que describa la forma en que debe efectuarse el proceso de hallar la solución y posteriormente expresar cada uno de esos pasos de la forma adecuada para que la máquina lo pueda llevar a cabo. Esto es, se deberá expresar el algoritmo como un programa en un lenguaje de programación y, por último, lograr que el computador ejecute el programa correctamente.

Aunque se insiste hasta la saciedad en que un algoritmo es algo bastante similar a receta, proceso, método, técnica, procedimiento o rutina, los algoritmos no son como las recetas, ni como cualquier otro de esos sinónimos que pueden tener instrucciones imprecisas, sino que son procesos iterativos que generan una sucesión de puntos, conforme a un preciso conjunto dado de reglas y un criterio de parada, y como tales no están sujetos a restricciones tecnológicas de tipo alguno, es decir, son absolutamente independientes del equipamiento tecnológico disponible para resolver el problema que afronten.

Por tanto un algoritmo tiene cinco características primordiales.

a) Finitud, de modo que debe terminar siempre tras un número finito de etapas.

b) Especificidad, ya que cada etapa debe estar precisamente definida; las acciones que hay que llevar a cabo deben estar rigurosamente especificadas para cada caso.

c) El input, es decir los valores que se le dan inicialmente antes de que el algoritmo comience. Estos inputs se toman de conjuntos de objetos pre-especificados.

d) El output, es decir, resultados que son cantidades específicamente relacionadas con los inputs.

e) Efectividad. Se espera generalmente que un algoritmo sea efectivo, lo que significa que todas las operaciones que hay que realizar en el algoritmo deben ser lo suficientemente básicas como para que, en principio, se hagan exactamente y en un periodo finito de tiempo por una persona que solo use lápiz y papel.

Cuando falla o falta alguna de estas cinco características, lo que se tiene no es un algoritmo sino otra cosa, probablemente un conjunto de instrucciones (imprecisas) que no garantizan que la solución que se alcance sea la solución del problema que queramos resolver.

Debe quedar claro que si un algoritmo está bien diseñado, algo que se supone por su definición, su aplicación siempre proporcionará la solución correcta del problema para el que se construyó. No obstante, igual que pasaba hace años cuando la culpa de todos los errores que ocurrían en la sociedad la tenía la Informática, ahora parece que son los algoritmos los responsables de muchos de los errores que se le imputan al desempeño de los sistemas que incorporan IA, sin tener en cuenta si los datos de entrenamiento del algoritmo, por ejemplo, tenían sesgos o no; si quién programó el algoritmo tenía alguna preferencia o si la solución que se propone está intencionadamente modificada. Todo esto nos lleva a destacar la importancia que en el contexto de la IA tiene su supervisión y regulación, para garantizar tanto su buen funcionamiento como la seguridad de los usuarios, como ocurre en otros ámbitos, como el farmacéutico, el sanitario, el alimentario, etc. en los que existen diferentes niveles de control orientados a la protección de los usuarios, agrupados por organizaciones de carácter regional, nacional o internacional.

Interesa destacar por último que igual que no tenemos sistemas de propósito general, es decir, sistemas que sirvan para todo, tampoco tenemos algoritmos que resuelvan cualquier problema. En la misma medida, cuando hablamos de IA, tenemos que distinguir entre la IA General y la IA especializada

2.4. IA general (fuerte) e IA especializada (débil)

La IA se divide habitualmente en dos categorías principales: La IA general (también conocida como IA fuerte o IA completa) y la IA especializada (también llamada IA débil o IA estrecha). Estas categorías se diferencian en términos de sus capacidades y alcances.

Por un lado la IA General (la IA fuerte) se refiere a sistemas y algoritmos que tienen la capacidad de comprender, aprender, razonar y resolver una amplia gama de tareas de manera similar a la inteligencia humana. En esencia, la IA general puede realizar tareas cognitivas de manera autónoma en múltiples dominios y adaptarse a situaciones nuevas y desconocidas. En un escenario ideal, la IA general sería capaz de llevar a cabo cualquier tarea intelectual que un ser humano pueda hacer.

Por otro lado la IA Especializada (la IA débil) se ocupa de sistemas y algoritmos que están diseñados y entrenados para realizar tareas específicas y limitadas. Estos sistemas son idóneos para una cierta área particular, pero carecen de la capacidad de generalizar su conocimiento y habilidades a otros dominios. La IA débil no comprende el contexto más allá de su tarea específica y no tiene una verdadera comprensión ni conciencia.

Por tanto, la principal diferencia entre la IA general y la IA especializada radica en su alcance y capacidad. La primera busca replicar la inteligencia humana de manera amplia y adaptable, mientras que la segunda se enfoca en tareas específicas y limitadas. Hasta el momento, la IA general aún no se ha logrado de manera plena y la mayoría de los sistemas de IA actuales son ejemplos de IA débil que no obstante han logrado gran popularidad, como por ejemplo son los Sistemas Expertos, los Sistemas de Recomendación o cualquier sistema automatizado especializado que funcione más allá del alcance humano.

2.5. Definición actual de IA

En muy pocos años la IA ha pasado de ser un ámbito científico, del que de vez en cuando surgía alguna aplicación interesante, a convertirse en un área de importancia estratégica con potencial para ser un motor clave del desarrollo económico mundial, cuyas competencias, contenidos y consecuencias preocupan a la sociedad en su conjunto y justifican que se logre un acuerdo sobre su naturaleza y límites, con tanto respaldo como sea posible, para adoptar una definición común sobre la materia.

Del estudio de las definiciones encontradas en la literatura (anterior Fig. 1) hemos identificado cuatro características más habituales asociadas a la IA: a) la percepción del entorno y del mundo real, que anteriormente asociamos al eje E; b) el procesamiento de la información disponible y su interpretación, que asociamos al eje P; c) la forma de conducta, es decir, la toma de decisiones, incluyendo procesos de pensamiento, razonamiento, aprendizaje y realización de acciones, que identificamos con el eje R y d) el logro de objetivos predefinidos, identificado con el O.

Teniendo en cuenta estas características, y prescindiendo de la naturaleza de las aplicaciones a desarrollar, es decir, sin considerar que estemos hablando de una IA fuerte o débil, la Comisión Europea ha propuesto la siguiente definición [Eur]:

> Los sistemas de IA son programas informáticos (y posiblemente también equipos hardware)

diseñados por personas que, dado un objetivo complejo, actúan en la dimensión física o digital percibiendo su entorno mediante la adquisición de datos, interpretando los datos recogidos, ya sean estructurados o no, razonando sobre el conocimiento o procesando la información derivada de esos datos y decidiendo la mejor acción o acciones a realizar para lograr el objetivo dado.

Los sistemas de IA pueden utilizar reglas simbólicas o aprender un modelo numérico, y también pueden adaptar su comportamiento analizando cómo se ve afectado el entorno por sus acciones.

Por tanto un sistema dotado de IA es ante todo racional. Esa racionalidad se consigue percibiendo el entorno en el que está inmerso dicho sistema a través de algunos sensores, razonando sobre lo percibido, decidiendo cuál es la mejor acción a tomar y actuando en consecuencia a través de algunos accionadores que posiblemente puedan modificar el contexto en el que funciona el sistema.

Esto puede representarse gráficamente como muestra la Figura 2.

A los sistemas de IA, como se mencionan en esta definición, se les suele llamar Sistemas Automatizados de Decisión (ADS por las siglas en inglés de *Automated Decision-Making Systems*), siendo un término que empieza a usarse como sustitutivo del de IA porque es menos impreciso que este y porque parece que las personas nos encontramos más cómodas hablando de ADS que de IA.

En definitiva la principal misión de un ADS es tomar decisiones de forma automatizada, es decir, decidir

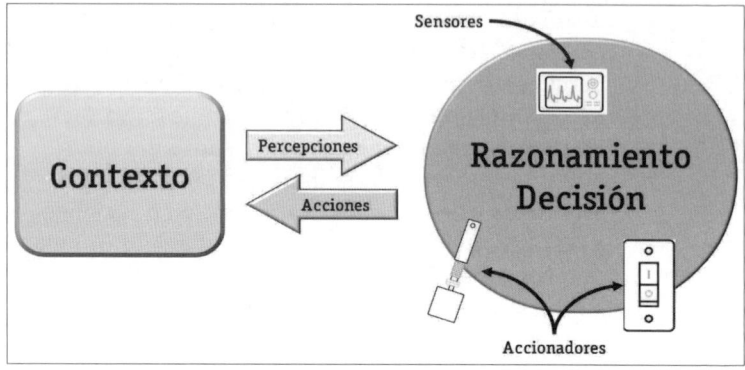

Fig. 2. Descripción esquemática de un Sistema basado en IA.

empleando exclusivamente medios tecnológicos sin que haya intervención humana. De acuerdo con [Eli] la toma de decisiones automatizada es un proceso (computacional), que incluye técnicas y enfoques de IA, que alimentado por entradas y datos recibidos o recogidos del entorno, dado un conjunto de objetivos predefinidos, puede generar salidas en una amplia variedad de formas (contenidos, valoraciones, recomendaciones, decisiones, predicciones, etc.).

En general se habla más de sistemas automatizados que de sistemas automáticos porque en general, las acciones automatizadas se entiende que son acciones diseñadas y programadas por personas para realizarse automáticamente, mientras que las acciones automáticas ocurren frecuentemente sin intervención humana deliberada. No obstante, aunque no son iguales en términos de origen y control, en algunos contextos pueden parecer similares. Este no será el caso aquí y por eso usaremos el término automatizado.

Como ilustra el esquema de la Figura 3, un ADS incorpora cuatro componentes: la tecnológica, que permite su funcionamiento automatizado; una base de modelos de decisión, que facilita la toma de decisiones a partir de modelos conocidos; un módulo con los algoritmos de aprendizaje automatizado o descubrimiento de conocimiento que caracterizan el comportamiento inteligente del ADS y una base de reglas y hechos que definen el ámbito, el contexto socio-económico, en el que se desenvuelve en cada caso el sistema.

Además, a esas cuatro componentes principales hay que acoplarles la base de reglas que representan el conocimiento de los expertos en el área en la que se vaya a aplicar el ADS.

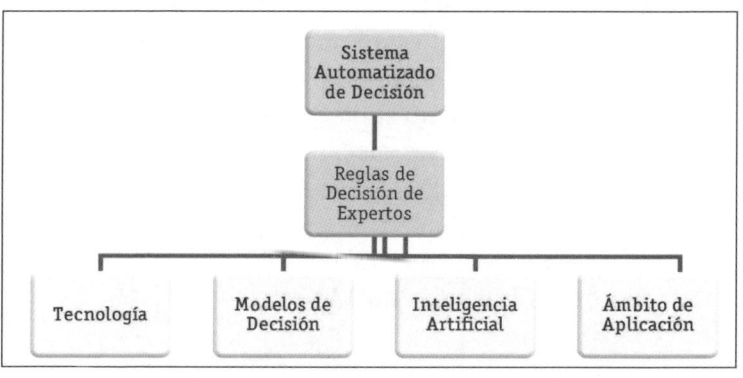

Fig. 3. Principales componentes de un ADS.

Como los ADS pueden intervenir sobre oportunidades, accesos, libertades, seguridad, derechos, necesidades, comportamientos, resiliencia o estatus mediante la predicción, la valoración, el análisis, la clasificación, la demarcación, la recomendación, la asignación, la enumeración, la clasificación, el seguimiento, el mapeo, la optimización, la imputación, la inferencia, el etiquetado, la identificación, la agrupación, la exclusión, la simulación, el modelado, la evaluación, la fusión, el procesamiento, la agregación o el cálculo, ocasionalmente pueden repercutir en el cumplimiento de derechos humanos, justificando la absoluta necesidad de que su funcionamiento esté regulado y pueda ser supervisado, tanto antes de su puesta en funcionamiento como cuando esté en explotación [Rih].

Pero por otro lado hay que destacar que cuando un supuesto sistema con IA no tiene alguno de los principales componentes anteriormente descritos, es decir, si en el sistema están ausentes mecanismos de aprendizaje, de descubrimiento de conocimiento o de razonamiento, así como si no es posible contrastar el funcionamiento de esos mecanismos, ese sistema no debería calificarse como de IA.

3. Sistemas basados en IA

La toma de decisiones apoyada en computadores tiene su primer antecedente en los denominados Sistemas de Ayuda a la Decisión (DSS por sus siglas en inglés). Estos sistemas, en los que no hay aprendizaje, evolucionaron incorporando algunas formas del conocimiento humano hacia los que se conocen como Sistemas Expertos (ES por sus siglas en inglés) que son los predecesores de los actuales, y mucho más desarrollados, ADS. Describiremos en lo que sigue tanto los DSS como los ES con el fin de ayudar a comprender el funcionamiento de un ADS.

3.1. Sistemas de Ayuda a la Decisión

Un DSS es una herramienta informática que se utiliza para apoyar el proceso de toma de decisiones de una persona o de una organización. Estos sistemas suelen incluir un conjunto de técnicas y métodos que permiten recopilar y analizar información relevante, presentarla de manera clara y proporcionar recomendaciones u opciones de acción basadas en ese análisis. A diario usamos DSS sin saberlo, los personalizamos conforme a nuestros intereses y aceptamos las sugerencias que nos proporcionan, ayudándonos a decidir. No tenemos más que pensar en un planificador de rutas, de los que solemos llevar en el teléfono móvil, para darnos cuenta de su presencia en nuestras vidas.

Mas teóricamente, teniendo en cuenta que un problema estructurado es aquel que tiene un contexto con elementos y relaciones entre ellos que somos capaces de entender, en términos muy generales se puede definir un DSS como un sistema que ayuda a la toma de decisiones, tecnológicas y de gestión, facilitando la organización del conocimiento en temas mal estructurados, semiestructurados o no estructurados.

El concepto de DSS nació a principios de los años 70 y apareció por primera vez en sendos trabajos de J.D. Little y de Gorry y Scott Morton [Gor], [Lit]. Más adelante Morton acuñó el término DSS y desarrolló un contexto bidimensional en el que los computadores ayudarían a las tareas de toma de decisiones en los problemas de gestión. El término y el concepto de DSS se asentaron a finales de los 70 [Kee].

Los DSS se utilizan en una amplia variedad de campos, como la medicina, la ingeniería, las finanzas o la gestión de proyectos, entre otros. Por ejemplo, un DSS podría ser utilizado para evaluar diferentes opciones de inversión y seleccionar la más adecuada para una empresa, o para ayudar a un médico a elegir el tratamiento más adecuado para un paciente en función de su historial clínico y de otros factores relevantes. Los DSS pueden diseñarse para ser utilizados por personas o por otros computadores y pueden ser programados para tomar decisiones por sí mismos o para proporcionar recomendaciones que luego son evaluadas y adoptadas por una persona, siendo esta última utilidad la más frecuente. En general un DSS tiene las siguientes componentes, representadas en la Figura 4:

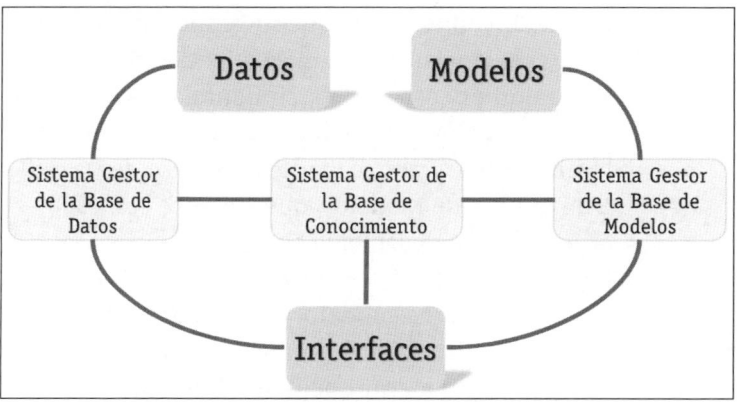

Fig. 4. Principales componentes de un DSS.

1. Base de Datos, Base de Modelos y Base de Conocimiento: La Base de Datos es imprescindible para tener organizados los datos en una jerarquía lógica que represente la granularidad, el nivel de detalle, que aquellos tengan. Así mismo se ha de contar con una Base de Modelos, que es la contrapartida en versión modelos de la Base de Datos. Esa base de modelos almacena y organiza los distintos modelos que el DSS usará en sus análisis y es la componente que diferencia un DSS de otros sistemas de información. Por último hay que contar con una Base de Conocimiento, que es el lugar donde se almacena toda la información disponible sobre los problemas que va a resolver el DSS. Esa información puede estar en forma de reglas, de heurísticas, de restricciones, etc., y es

propia de cada usuario que suele incorporar ahí sus experiencias, mecanismos de decisión, etc. En cualquier caso, el conocimiento almacenado en esta componente no hay que confundirlo con la información almacenada en la Base de Datos o en la Base de Modelos, que siempre son específicas de cada problema concreto.

2. Módulos Gestores de las bases de datos, de conocimiento y de modelos: Estas componentes son las responsables de analizar la información recopilada y generar opciones o recomendaciones de acción basadas en esos análisis. Mientras que el primero funciona conforme a estándares de bases de datos, en el segundo se aplican las reglas para deducir la información que el usuario desea. El tercero permite la creación de modelos de decisión, proporciona un mecanismo para conectar los diversos modelos y permite la gestión y manipulación de la base de modelos.

3. Interfaces de entrada y salida: El primero se encarga de recopilar y procesar la información necesaria para el sistema y podría incluir el interfaz de usuario para ingresar datos o conectarse a bases de datos externas. El interfaz de salida sirve para presentar las opciones o recomendaciones de acción generadas por el sistema de manera clara y fácil de entender para el usuario.

3.2. Sistemas Expertos

Por su lado, un ES es un tipo de software que utiliza el conocimiento y la experiencia de personas expertas en una determinada área para tomar decisiones o proponer acciones. Estos sistemas se basan en una base de conocimientos, que aquí toma la forma de un conjunto de reglas y principios establecidos por las personas expertas en el campo que se esté considerando. El ES utiliza esta base de conocimientos para analizar una situación y proponer un curso de acción o alternativamente tomar una decisión de forma independiente.

A lo largo de los años, ha habido muchos ES que han tenido un impacto significativo en diversas áreas de la industria, el comercio y la investigación. Entre todos ellos, seguramente por ser los primeros que salieron al mercado, destacan DENDRAL, creado a finales de los 60 para la identificación de estructuras moleculares a partir de datos espectroscópicos; MYCIN, diseñado en la década de los 70 para diagnosticar y sugerir tratamientos para infecciones bacterianas en la sangre y PROSPECTOR producido a principios de los 80 para evaluar el potencial minero de una localización geológica [Dur], [Jac].

En cualquier caso es difícil precisar el comienzo del desarrollo de los ES. Sin embargo, y principalmente por cuestiones de tipo tecnológico, puede decirse que su nacimiento oficial coincide en el tiempo con el de los DSS, a principios de los años 70, evolucionando su definición, concepción y principios teóricos con su comercialización [Hay].

Igual que los DSS, los ES se utilizan en una amplia variedad de áreas. Pero su funcionamiento, siendo similar al de los DSS, es distinto. Así, por ejemplo, un ES en medicina podría utilizar la base de conocimientos de un médico concreto para diagnosticar una enfermedad o recomendar un tratamiento. Un ES en ingeniería podría utilizar la base de conocimientos de una ingeniería determinada para diseñar una estructura y de forma similar, podría emplearse un ES en el contexto judicial para resolver litigios de pequeña dimensión y carácter vecinal. Pero en cualquier caso el conocimiento sobre el que se apoyan en su toma de decisiones está referido a una experiencia concreta y por tanto no es objetivo o neutral cuando decide.

Los ES pueden ser muy útiles en situaciones en las que por la distancia, la dificultad de acceso, etc. es difícil obtener consejos directamente de las personas expertas, ya que precisamente lo que nos proporcionarán será la información y las propuestas basadas en el conocimiento y la experiencia de dichas personas. Sin embargo, por apoyarse en bases de conocimiento que no tienen por qué estar consensuadas en cierta área de aplicación, los ES no pueden reemplazar completamente a las personas y deben utilizarse con prudencia.

La estructura de un ES puede variar entre aplicaciones, pero como denominador común, consta de los siguientes módulos:

— Base de Conocimientos: En esencia es un repositorio de hechos. Almacena todo el conocimiento que se tenga sobre el dominio del problema. Es como un gran almacén del conocimiento que se obtiene de una o varias personas expertas en un campo concreto.

— Motor de inferencia: Contiene el conjunto de reglas que han de aplicarse para resolver un problema. Se relaciona directamente con la Base de Conocimientos y cuando intenta responder a la consulta del usuario, selecciona los hechos y reglas que hay que aplicar. También realiza razonamientos a partir de la información de la Base de Conocimientos y ayuda en los procesos de deducción que haya que aplicar para encontrar una solución.

— Interfaz de usuario: Es la parte más crucial de un ES. Esta componente toma la consulta del usuario de forma legible y la pasa al motor de inferencia para, a continuación, mostrarle también los resultados al usuario. En otras palabras, es una interfaz que ayuda al usuario a comunicarse con el ES.

De forma tan esquemática como descriptiva, las componentes que integran un ES y sus interrelaciones pueden representarse como se ilustra en la Figura 5,

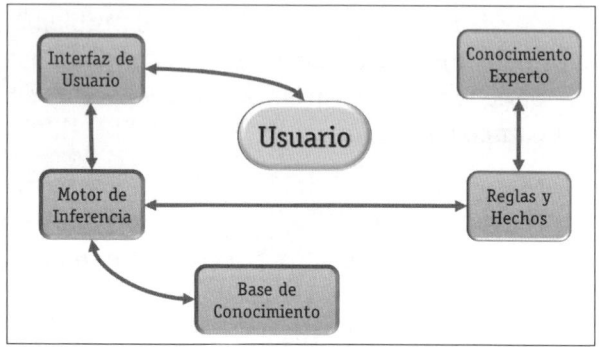

Fig. 5. Principales componentes de un ES.

Como es patente, el correcto desempeño de un ES depende principalmente de la veracidad y exactitud del conocimiento que incorpore.

Debido a las componentes que los integran y a sus funciones, los ES suelen considerarse inteligentes, ya que utilizan el conocimiento y la experiencia de personas expertas para tomar decisiones o proponer cursos de acción. Sin embargo, los ES tienen un alcance limitado en términos de su capacidad para aprender y adaptarse a situaciones nuevas o inesperadas, independientemente de que carecen de funcionalidades autónomas cuando se enfrentan a situaciones no contempladas en la base de conocimiento.

Téngase en cuenta que un ES está programado con una base de conocimientos específica y puede utilizar esta base de conocimientos para tomar decisiones o hacer propuestas de acción en situaciones que se ajusten a esta base de conocimientos, es decir, limitado a la experiencia de la persona o conjunto de personas expertas a partir de los que se ha diseñado. Sin embargo, si se presenta una situación que no está incluida en la base de conocimientos del sistema, el ES no sabrá cómo reaccionar y no será capaz de proporcionar una respuesta adecuada.

Por lo tanto, aunque los ES pueden ser útiles en situaciones específicas y pueden tomar decisiones y hacer propuestas basadas en el conocimiento y la experiencia de personas expertas, no terminan de reproducir con fidelidad el comportamiento de las personas en general. Y es que los seres humanos razonamos porque pensamos, pero los computadores, y por tanto los ES, razonan sin pensar, es decir, están dotados de razonamiento pero no de pensamiento, por lo menos no lo están en la misma medida que las personas. Las máquinas razonan deductivamente por medio de algoritmos, en tanto las personas también lo hacemos de forma inductiva y no necesariamente algorítmica [Tri].

Aclarémoslo con un sencillo ejemplo. Supongamos que una persona ha observado que todos los días el sol sale por el este. No importa cuántos días hayas observado esto, siempre ha sido así. Entonces, razonando (inductivamente) puede concluir que todos los días el sol saldrá por el este. Por tanto se está deduciendo, a partir de observaciones específicas, una conclusión general.

Pero imaginemos ahora que sabemos que "Todos los hombres son mortales" y también que "Pedro es un hombre". A partir de estas dos premisas se puede razonar (deductivamente) que Pedro es mortal.

Los computadores emplean principalmente el razonamiento deductivo. La lógica deductiva se basa en reglas y hechos específicos para llegar a conclusiones precisas. En la programación y en la ejecución de algoritmos, los computadores siguen instrucciones lógicas paso a paso, aplicando reglas predefinidas para llegar a resultados específicos. Esto se asemeja al razonamiento deductivo, donde se parte de afirmaciones generales para llegar a conclusiones específicas. Sin embargo, el razonamiento inductivo generaliza a partir de observaciones específicas para hacer afirmaciones generales. Es más humano y a menudo implica la interpretación de patrones a partir de datos. Aunque los computadores pueden analizar grandes conjuntos de datos y encontrar patrones, su capacidad para generalizar de manera significativa es más limitada en comparación con el razonamiento inductivo humano.

Así, para resumir podemos decir por un lado que un ES puede verse como un tipo específico de DSS que se basa en el conocimiento y la experiencia de un experto en un campo particular. Estos sistemas se utilizan para simular el razonamiento y la toma de decisiones de una persona experta en una determinada área de conocimiento, y se basan en un conjunto de reglas y principios que han sido programados en el sistema por una persona experta en ese campo.

Por otro lado un DSS puede ser cualquier sistema informático que se utilice para apoyar el proceso de toma de decisiones, y no tiene que apoyarse necesariamente en el conocimiento y la experiencia de una persona experta en un campo específico. Los DSS pueden utilizarse para analizar y evaluar diferentes opciones o alternativas basándose en datos y hechos disponibles, y pueden proporcionar opciones o recomendaciones a un usuario humano o a otro computador.

Por tanto, la principal diferencia entre un ES y un DSS es que el primero se basa en el conocimiento y la experiencia de una persona experta en un campo específico, mientras que el segundo puede utilizarse para apoyar la toma de decisiones en una amplia gama de campos sin basarse necesariamente en el conocimiento y la experiencia de alguna persona experta.

5. Breve historia de la IA

Uno de los más conocidos ejemplos de ADS son los coches autónomos, es decir, vehículos capaces de realizar todas las funciones de conducción entre un origen y un destino sin necesidad de que una persona intervenga en ningún momento, aparte claro está de indicar el punto de inicio y final del trayecto.

Lo que pasa con estos coches, es decir, con los ADS, sirve para ilustrar lo sensible que está la sociedad con la IA: Se plantea como imperioso, antes de proseguir con la fabricación de automóviles autónomos, que estos estén preparados para reaccionar correctamente ante situaciones que implican atropellos a peatones en diferentes circunstancias y otros tipos de accidentes. Siendo razonable el punto de partida, no es de recibo la exigencia porque este es un problema bien conocido, que no tiene una solución universal, y mucho menos aceptada por todo el mundo.

En efecto, el problema en cuestión es el conocido Dilema del Tranvía, formulado por la filósofa Philippa Foot en un artículo de 1967 [Foo], del siguiente modo: Se supone que observamos un tranvía que se dirige, fuera de control y sin frenos, hacia cinco personas que están trabajando en la vía. No podemos avisarles y tampoco podemos parar el tren. Pero sí podemos accionar una palanca que desviará el vagón hacia otra vía. Lo que pasa es que en esa otra vía hay otra persona. ¿Deberíamos mover la palanca? La discusión ética sobre cómo resolver este problema está abierta desde 1967, y probablemente así seguirá durante muchos años. Sin embargo hoy día se exige que los coches autónomos, como ocurre con otra gran variedad de ADS, sepan reaccionar ante situaciones parecidas a éstas, y que además reaccionen como cada uno de nosotros reaccionaría.

De este modo, planteando a la sociedad situaciones como ésta o parecidas en otros contextos, como pueden ser las sentencias penales, las intervenciones quirúrgicas, el diagnóstico médico o la fabricación de armas, es razonable que aparezcan dudas sobre cuál será el (inminente) futuro que vendrá de la mano de la IA. Sobre todo por la creciente aceleración con la que surgen en los últimos años nuevos resultados que refuerzan la autonomía de los ADS, frente a la lentitud con la que se habían producido avances en IA desde su nacimiento.

Repasemos más que brevemente cuáles han sido los acontecimientos relativos a la IA que han recibido más atención a lo largo de los años, desde los puntos de vista histórico, científico, innovador y transformador.

1) Desde una perspectiva histórica, la comparación de la mente humana con las máquinas viene de antiguo. Aunque ya en el siglo XVII René Descartes, en la quinta parte del célebre Discurso del Método [Dec], planteó la posibilidad de que se pudieran construir máquinas que pensaran de la misma manera que las personas, dando lugar así al primer antecedente científico de lo que luego llegaría a ser la IA, no cabe duda de que el nacimiento de la IA hay que fijarlo en 1956 con la celebración de la ya mencionada Conferencia de Darmouth, que, seguramente impulsada por todo lo que podía evocar el nombre del objeto de estudio, IA, levantó más expectativas de las debidas. La falta de aplicaciones prácticas produjo que en los siguientes años surgieran muchas dudas sobre la IA, causando recortes presupuestarios, supresión de laboratorios, etc. A este periodo de desconfianza, que duró hasta 1980, se le conoce como "el primer invierno de la IA".

Pero la popularidad que alcanzaron los ES a mediados de los 70, empujados por éxito logrado por DENDRAL (el primer ES, escrito en LISP, que se utilizó con propósitos reales) y su exitosa difusión durante los 80, provocaron grandes inversiones en la investigación en IA, principalmente en Japón y EE.UU. Aunque los ES tuvieron un impacto significativo en la década de los 80, su popularidad comenzó a disminuir a medida que avanzaba la década de los 90 debido a limitaciones en la escalabilidad, la dificultad de mantener reglas complejas, el desarrollo de enfoques de IA más avanzados y sobre todo más baratos. Sin embargo, sentaron las bases para futuras investigaciones y aplicaciones en el campo de la inteligencia artificial y la toma de decisiones automatizada. Este fue el "segundo invierno de la IA".

Ciertamente las empresas perdieron el interés por los sistemas expertos, pero una nueva era estaba a punto de comenzar.

2) Desde el punto de vista científico, comencemos recordando los primeros trabajos de Warren McCullouch y Walter Pitts por un lado y los de Alan Turing por otro, que fueron los que más incidieron posteriormente en el desarrollo de la IA. En lo que concierne a los primeros, el origen hay que fijarlo en 1943, año en el que se publica el primer modelo matemático para la creación de una red neuronal [Map], un modelo muy simple en comparación con las redes neuronales modernas, pero muy relevante por su inspiración en las neuronas biológicas; por introducir la noción de unidad computacional básica, que puso las bases para la creación de redes neuronales

más complejas y porque proporcionó un punto de partida fundamental para el desarrollo posterior de redes neuronales más sofisticadas y algoritmos de aprendizaje. En particular, estableció la idea de que la interconexión de unidades simples podía reproducir cálculos y procesos cognitivos más complejos.

También Alan Turing es considerado uno de los pioneros en la Ciencia de la Computación y es especialmente reconocido por su trabajo durante la Segunda Guerra Mundial en Criptografía, particularmente en la descodificación de las comunicaciones encriptadas de la máquina alemana Enigma.

Muy interesado por demostrar la viabilidad de que se pudieran construir máquinas que pensaran como las personas, en 1950, Alan Turing planteó el Test de Turing en un artículo titulado "Máquinas de Cómputo e Inteligencia" [Tur]. El test de Turing, originalmente planteado como un experimento mental que denominó "juego de imitación", aborda la pregunta de si una máquina puede exhibir un comportamiento inteligente indistinguible del de una persona. Consiste en lo siguiente: Un juez humano interactúa con una máquina y un ser humano a través de una serie de preguntas y respuestas escritas. El juez no puede ver a los participantes y debe determinar cuál de ellos es la máquina y cuál es el humano basándose solo en las respuestas escritas. Si el juez es incapaz de diferenciar consistentemente entre las respuestas de la máquina y las del humano, entonces la máquina se considera que ha pasado el test y ha demostrado una forma de inteligencia indistinguible de la humana.

3) En el plano innovador sobresale la fecha del 27 de enero de 2010, cuando se presentó el primer iPad. Era un dispositivo de nueva concepción que combinaba características de un computador portátil y un teléfono inteligente en una tableta con una pantalla táctil de gran tamaño. Como ya se apuntó con anterioridad, el iPad tuvo un impacto tan significativo en la industria tecnológica y en la forma en que las personas interactúan con la tecnología, que puede considerarse el verdadero acelerador de la realidad que hoy día vivimos con la IA.

En realidad, el iPad en sí mismo no ha tenido un impacto directo significativo en el desarrollo de la IA, sin embargo las tecnologías relacionadas con el iPad, como la computación móvil, la conectividad y las aplicaciones, han creado un entorno propicio para el desarrollo y la implementación de la IA de distintas formas. Así, por ejemplo, el iPad, y también otros dispositivos, han ampliado enormemente el acceso a la información y los datos, lo que ha resultado fundamental para la IA, ya que los algoritmos de IA a menudo requieren grandes cantidades de datos para aprender y mejorar su rendimiento. Con más personas utilizando dispositivos móviles para acceder a Internet, se ha generado una cantidad masiva de datos que se pueden utilizar para entrenar y mejorar modelos de IA.

Pero además, la proliferación de aplicaciones para el iPad ha favorecido la creación y distribución de aplicaciones que incorporan características de IA, de modo que los desarrolladores han aprovechado la potencia de procesamiento y las capacidades de los dispositivos móviles para implementar soluciones de IA en aplicaciones de uso diario. Así mismo, por un lado, el iPad ha facilitado la educación y el aprendizaje *on line*, lo que incluye la capacitación en temas relacionados con la IA; por otro ha impulsado el desarrollo de tecnologías de conectividad inalámbrica y redes móviles, lo que a su vez ha permitido la transferencia rápida de datos y el acceso a recursos en la nube. Avances que son fundamentales para las aplicaciones de IA que requieren recursos computacionales intensivos y acceso a datos en tiempo real.

En definitiva, a pesar de que el iPad en sí mismo no es un impulsor directo del desarrollo de la IA, su impacto en la computación móvil, la conectividad y las aplicaciones ha contribuido decisivamente al entorno tecnológico en el que la IA ha crecido y se ha desarrollado, facilitando el acceso universal a las tecnologías de IA en la actualidad.

4)   En cuanto al efecto transformador se refiere, a estas alturas ya nadie discute que la IA ha llegado a casi

todos los ámbitos de la vida humana, situándose como una tecnología plural y omnipresente que está transformando de manera disruptiva los actuales modelos sociales. Al incidir cada vez más en un mayor número de sectores, su impacto social y económico aumenta, obligando a que las previsiones tengan que ser actualizadas continuamente. De hecho la adopción creciente de herramientas inteligentes en empresas, y en la sociedad en su conjunto, proyecta un aumento de al menos el 7% en el PIB mundial en un período de 10 años.

Todo este cúmulo de productos, actuales y venideros, la complejidad de las técnicas que se emplean, su invisibilidad, porque a veces no sabemos que estamos usando IA, y el más que frecuente y poco advertido aprovechamiento para beneficio de particulares de los datos de los usuarios de la IA, constituyen también un propicio caldo de cultivo para que se saquen réditos de algunos comportamientos poco visibles. Para minimizar esos efectos negativos necesitamos que los sistemas basados en IA que nos propongan usar, realmente hagan uso de IA y no de metodologías y tecnologías clásicas que nada tienen que ver con la IA. Pero así mismo es necesario tener garantías de que las soluciones que nos proporcionen esos sistemas verdaderamente sean las correctas.

En este marco definido por la historia, la ciencia, la innovación y la transferencia, como motor de transformación, los hitos más importantes a partir de la celebración de la Conferencia de Darmouth son los siguientes:

1958   John McCarthy (Universidad de Stanford) inventa el lenguaje de programación LISP, el más utilizado durante décadas.

1965   Lotfi Zadeh (Universidad de California en Berkeley) presenta el concepto seminal de conjunto borroso, clave para reproducir las formas de expresión de las personas.

1966   El MIT (*Massachussets Institute of Technology*) diseña ELIZA uno de los primeros *chatbots* en procesar lenguaje natural.

1967   Se desarrolla DENDRAL, el primer ES que interpreta la estructura molecular.

1980   El lanzamiento al mercado de la primera furgoneta guiada por un sistema de visión artificial pone fin al periodo conocido como primer invierno de la IA.

1944   Dos vehículos autónomos (Mercedes 500 SEL) recorren 1000 Km de autopista en Paris.

1996   Nacen los que se denominan "agentes" inteligentes, que perciben el entorno.

1997   Deep Blue gana al campeón del mundo de ajedrez, Gary Kaspárov, un año después de haber perdido contra él.

2004   Vehículos autónomos, sin intervención humana alguna, recorren en competición 100 Km. en el desierto de El Mojave, aunque ninguno logró llegar hasta el destino final.

2008   Google lanza la primera App que reconoce la voz.

2010   El 27 de enero de este año se presenta la primera versión del iPad (Apple) y a partir de ese momento todo se acelera

2011   El computador Watson (IBM) gana a los concursantes humanos en el concurso estadounidense de televisión Jeopardy! Se presenta el asistente por voz, lenguaje natural, SIRI.

2012   La red neuronal (convolucional) AlexNet compite en el Desafío de Reconocimiento y Clasificación de imágenes a gran escala, venciendo con mucha ventaja a otros sistemas

2013   La compañía Boston Dynamics construye Atlas, un robot humanoide bípedo destinado a ayudar a los servicios de emergencia en las operaciones de búsqueda y rescate, realizando tareas como cerrar válvulas, abrir puertas y operar equipos motorizados en entornos donde los humanos no podrían sobrevivir.

2014   El programa Eugene Goostman pasa el Test de Turing. Se trata de un programa diseñado para mantener conversaciones, que se hace pasar por un adolescente ucraniano de 13 años. En la prueba que se organizó en la *Royal Society* de Londres, consiguió engañar a un 33 por ciento de los 150 jueces humanos que tenían que decidir si conversaban con una persona o no, haciéndoles creer que en efecto era un chaval de 13 años.

2015   Google DeepMind desarrolla AlphaGo, un programa informático para jugar al juego de mesa Go, un juego de mesa de estrategia que en un tablero de 19 × 19 se calcula tiene

208.168.199.381.979.984.699.478.633.344.862.770.
286.522.453.884.530.548.425.639.456.820.927.419.
612.738.015.378.525.648.451.698.519.643.907.259.
916.015.628.128.546.089.888.314.427.129.715.319.
317.557.736.620.397.247.064.840.935

posiciones legales posibles

2016   AlphaGo gana a Lee Sedol, un jugador profesional surcoreano de go que, en febrero de 2016, ocupaba el segundo lugar en títulos internacionales y era considerado campeón del mundo de ese juego.

La *startup* del Massachusetts Institute of Technology (MIT) nuTonomy pone en circulación comercial el primer taxi autónomo en Singapur.

2017   El programa Libratus (creado por Tuomas Sandholm y Noam Brown en la Universidad Carnegie Mellon, EE.UU.) vence al póker jugando contra cuatro personas.

DeepMind se lleva lo aprendido en un juego a otro.

El gobierno de Arabia Saudí otorga al ginoide Sophia (desarrollado por la compañía Hanson

Robotics con sede en Hong Kong) la nacionalidad saudí.

En los Emiratos Árabes Unidos, se nombra a Omar Sultan Al Olama ministro de IA.

2018 AlphaZero (una versión más generalizada de AlphaGo Zero, que aprendió por sí mismo a jugar al Go) aprende también por sí mismo a jugar al ajedrez.

Atlas aprende a hacer parkour (un deporte de origen francés, muy físico, en el que las personas que lo practican utilizan su capacidad motriz para superar los obstáculos urbanos que se encuentran a su paso realizando acrobacias).

Los profesionales del estado de Kerala (India) solicitan al Gobierno de Nueva Delhi la creación de un Ministerio de IA.

Un robot humanoide llamado Michihito Matsuda es candidato a alcalde en el distrito de Tama en Tokio. Lo notable es que prometiendo cambiar el distrito, que tiene cerca de 150.000 habitantes, y ofrecer "oportunidades justas y equilibradas para todos" logró quedar en tercer lugar a escasos 400 votos del segundo candidato.

2019 La IA se consolida como una de las 10 tecnologías estratégicas más disruptoras a corto plazo, jugando un papel trascendental en la nueva Sociedad Digital que se preveía.

El matemático e informático teórico Hao Huang demuestra después de 30 años la conocida Conjetura de la Sensibilidad, clave para el correcto funcionamiento de los ADS cuando han de tomar decisiones por consenso o mayoría.

2020   Prácticamente todos los laboratorios y equipos de investigación del mundo concentran sus esfuerzos en aplicar IA para combatir el COVID logrando importantes resultados.

OpenAI presenta la primera versión (con uso limitado) de GPT-3 (*Generative Pre-trained Transformer 3*) un modelo de lenguaje autorregresivo que emplea aprendizaje profundo para producir textos que simulan la redacción humana.

2021   DeepMind y el Instituto Europeo de Bioinformática (EMBL-EBI) lanzan AlphaFold, que consigue predecir la estructura de casi todas las proteínas, incluido el proteoma humano completo.

2022   OpenAI presenta la versión abierta de ChatGPT, con una calidad tan alta de los textos generados que es difícil distinguirlos de aquellos escritos por personas y populariza la denominada IA Generativa, un nuevo tipo de sistema de IA capaz de generar texto, imágenes, sonidos, etc. como respuestas a preguntas.

2023   Microsoft anuncia una inversión multimillonaria en OpenAI e integra ChatGPT en su buscador Bing y en Windows.

Los temas relativos a fiabilidad y explicabilidad de la IA, de la ética de su desempeño y de la regularización del funcionamiento de los ADS ocupan y preocupan a los gobiernos de todos los países.

8. Metodologías y técnicas de la IA

Atendiendo a la definición que da el Grupo de Expertos de Alto Nivel de la Comisión Europea sobre IA [Eur], entendida como una disciplina científica, la IA incluye varias ramas que agrupan diferentes enfoques y técnicas, entre las que destacan el aprendizaje automatizado (del que el aprendizaje profundo y el aprendizaje por refuerzo son ejemplos específicos), el razonamiento automatizado (en el que destacan la planificación, la decisión y la representación y el razonamiento del conocimiento) y la robótica (que incluye el control, la percepción, los sensores y los actuadores, así como la integración de todas las demás técnicas en sistemas ciberfísicos). En lo que sigue daremos una breve introducción descriptiva de cada una de ellas, que no son todas las metodologías y técnicas propias de la IA, pero sí las más influyentes y utilizadas a día de hoy.

8.1. Aprendizaje automatizado

El aprendizaje automatizado (*machine learning*) es un campo de la IA que ha experimentado un crecimiento muy significativo en los últimos años. Se centra en el desarrollo de algoritmos y modelos que permiten a los computadores aprender de datos que se les proporcionan, así como realizar tareas específicas sin necesidad de una programación explícita. Entre las diferentes formas con las que puede realizarse el aprendizaje automatizado destaca el aprendizaje profundo.

8.1.1. Aprendizaje profundo (Deep Learning)

Esta es una rama del aprendizaje automatizado que utiliza redes neuronales profundas, es decir, redes neuronales compuestas por múltiples capas de unidades de procesamiento y es la modalidad de aprendizaje automatizado que goza de más notoriedad y popularidad actualmente, por la visibilidad de sus aplicaciones en campos como la visión por computador, el procesamiento del lenguaje natural o los sistemas de recomendación de contenidos. Los modelos más utilizados son los que incluyen redes neuronales convolucionales (CNN por sus siglas en inglés, *Convolutional Neural Networks*), idóneas para la clasificación de imágenes, o redes neuronales recurrentes (RNN, por sus siglas en inglés, *Recurrent Neural Networks*), muy apropiadas para tareas secuenciales.

En general las redes neuronales se inspiran en el funcionamiento del cerebro humano y se utilizan para realizar tareas de aprendizaje automatizado. La profundidad de estas redes se refiere a la presencia de múltiples capas de unidades de procesamiento interconectadas, lo que permite al computador aprender patrones complejos y representaciones de datos.

Normalmente incluyen a) una capa de entrada, que recibe los datos de entrada, como imágenes, texto o señales, y los procesa para su posterior análisis, b) un número variable de capas ocultas intermedias que realizan transformaciones y cálculos complejos con los datos y c) una capa de salida, que produce la respuesta deseada o una predicción basada en las capas ocultas anteriores, del modo que cuantas más capas ocultas tenga la red, mejores soluciones propondrá.

Las conexiones entre las unidades en cada capa transmiten información y permiten que la red aprenda y ajuste sus pesos y parámetros durante el entrenamiento.

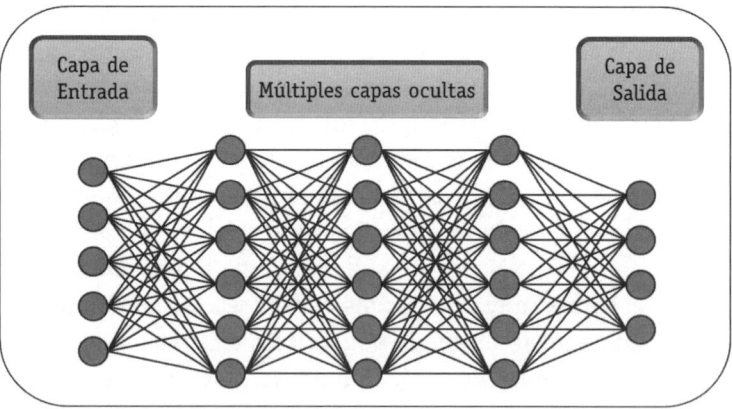

Fig. 6. Esquema de una red neuronal con 3 capas ocultas.

Particularmente las CNN [Lec] son un tipo de arquitectura de red neuronal diseñada sobre todo para procesar datos estructurados en forma de malla, como pueden ser las imágenes y los videos. Fueron desarrolladas originalmente para tareas de visión por computador, pero se han utilizado con éxito en otras muchas aplicaciones que involucran datos de malla, como series temporales y procesamiento de audio.

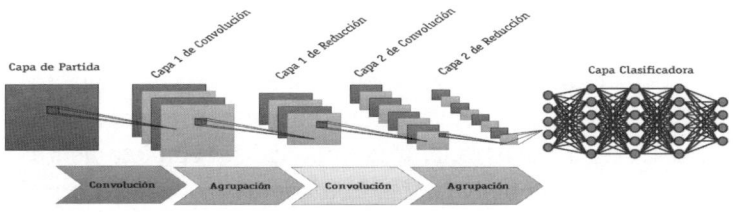

Fig. 7. Esquema de Red Neuronal Convolucional ([Cal]).

El funcionamiento de una CNN se basa en los diferentes tipos de capas que pueden incorporar, como por ejemplo:

— Capas convolucionales: Estas capas son la característica distintiva de las CNN. Utilizan operaciones de convolución para escanear la entrada, como una imagen, con filtros que detectan patrones específicos, como bordes, texturas o características de alto nivel. La convolución implica multiplicar elementos de la entrada por los valores del filtro y sumar el resultado.

A medida que el filtro se desplaza a través de la entrada, se crean mapas de características que resaltan las características relevantes.

— Capas de agrupación: Después de las capas convolucionales, es común agregar capas de agrupación para reducir la dimensión de los mapas de características, conservando sus características más importantes. No hay una única manera de hacer esos agrupamientos, que fundamentalmente dependen de cada aplicación concreta.

— Capas completamente conectadas: Después de las capas convolucionales y de la agrupación, lo normal es tener una o más capas completamente conectadas, similares a las de una red neuronal convencional. Estas capas aprenden a combinar las características extraídas por las capas anteriores para realizar la tarea específica, como clasificación de objetos en una imagen.

Con un diseño de este tipo, el proceso general de entrenamiento de una CNN implica los siguientes pasos:

1. Inicialización de pesos: Los pesos de la red se inicializan aleatoriamente.

2. Propagación hacia adelante (*Forward Propagation*): Se pasa una entrada a través de las capas de la CNN, aplicando convoluciones y operaciones de agrupación para obtener una salida.

3. Cálculo de la pérdida (*Loss*): Se compara la salida de la red con la salida deseada y se calcula el valor de la función de pérdida, que mide la diferencia entre ellas.

4. Propagación hacia atrás (*Backpropagation*): Se calculan las derivadas de la función de pérdida con respecto a los pesos de la red, y se ajustan los pesos utilizando algoritmos de optimización para minimizar la pérdida.

5. Entrenamiento: Los pasos 2-4 se repiten con diferentes ejemplos de entrenamiento hasta que la red converja, es decir, funcione como queremos, y la pérdida se minimice.

Una vez que una CNN está entrenada se puede usar para realizar tareas específicas, como clasificación de imágenes, detección de objetos, etc. Como antes se ha apuntado las CNN son muy efectivas en el procesamiento de datos de malla, y son una herramienta fundamental en el campo de la visión por computador y en muchas otras aplicaciones de aprendizaje profundo.

Por otro lado, las RNN [Rum] no tienen una estructura de capas exactamente, sino que permiten conexiones arbitrarias entre las neuronas, incluso pudiendo crear ciclos, con lo que se consigue crear una cierta temporalidad, permitiendo que la red tenga memoria. Así, los datos introducidos en el momento t en la entrada, son transformados y van circulando por la red en los instantes de tiempo siguientes t + 1, t + 2...

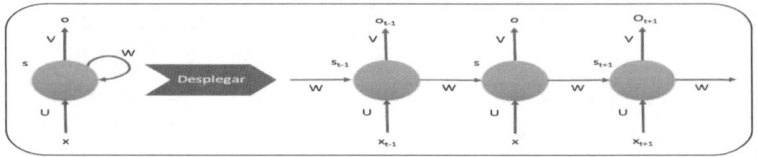

Fig. 8. Esquema de Red Neuronal Recurrente ([Cal]).

Las RNN tienen una arquitectura diseñada para procesar secuencias de datos, donde la información en cada punto de la secuencia está relacionada con la información previa. Como antes se comentó, estas redes son especialmente apropiadas para tareas que involucran datos secuenciales, como el procesamiento de lenguaje natural, la generación de texto, la traducción automática y la predicción de series temporales, y se caracterizan principalmente por su capacidad para mantener y actualizar estados internos (como memoria) a medida que procesan cada elemento de la secuencia. Esto les permite capturar dependencias temporales y relaciones a largo plazo en los datos.

El funcionamiento de una RNN de tipo general, es decir, sin una orientación específica, se ajusta a lo siguiente:

— Entrada y estado anterior: En cada paso de tiempo (t), la RNN toma como entrada un elemento de la secuencia (por ejemplo, una palabra en una oración) y el estado anterior de la red. El estado anterior se calcula con la información del paso de tiempo anterior.

— Operación recurrente: En el corazón de una RNN se realiza una operación recurrente que combina la entrada actual y el estado anterior para calcular un nuevo estado. Esta operación utiliza pesos entrenables que se comparten en todos los pasos de tiempo.

— Salida: La salida en cada paso de tiempo puede basarse en el estado actual o en el estado anterior, dependiendo de la tarea. Por ejemplo, en el procesamiento de lenguaje natural, la salida en cada paso de tiempo puede ser una estimación de la siguiente palabra en una oración.

— Entrenamiento: Al igual que con las CNN y otras redes neuronales, estas redes se entrenan utilizando algoritmos de optimización para minimizar una función de pérdida que mide la diferencia entre la salida de la red y la salida deseada. El entrenamiento implica retro-propagar el error a lo largo de la secuencia y ajustar los pesos de la red.

Aunque las RNN son efectivas para modelar dependencias temporales, tienen algunas limitaciones, entre las que destaca que pueden perder información relevante a lo largo de la secuencia si esta es muy larga. En cualquier caso, las RNN y sus variantes son fundamentales en muchas aplicaciones de procesamiento de secuencias y han demostrado ser efectivas en una amplia gama de tareas, desde el análisis de sentimientos hasta la traducción automática y la generación de texto.

Así que mientras las CNN son ideales para datos espaciales, las RNN destacan en el procesamiento de datos secuenciales con dependencias temporales. Sin embargo, en la práctica, a menudo se combinan estas arquitecturas en redes más complejas, como las redes neuronales convolucionales 1D (para secuencias) o las redes *Long Short-Term Memory* convolucionales, para aprovechar sus respectivas fortalezas en tareas que requieran tanto información espacial como temporal.

Otras formas de llevar a cabo el aprendizaje automatizado son las siguientes:

8.1.2. Aprendizaje supervisado

Se trata de una de las modalidades de aprendizaje más comunes, según la cual el modelo se entrena utilizando un conjunto de datos que contiene ejemplos de entrada y la salida deseada correspondiente. El algoritmo utiliza esta información para aprender a asociar las entradas a las salidas. Este enfoque es muy utilizado en aplicaciones como la clasificación de correo no deseado (*spam*), la detección de fraudes en tarjetas de crédito o el reconocimiento de voz.

8.1.3. Aprendizaje no supervisado

Este tipo de aprendizaje se utiliza cuando el modelo se entrena con datos que no tienen etiquetas ni salidas predefinidas. El objetivo principal es encontrar patrones, relaciones o estructuras ocultas en los datos, como es el caso del *Clustering,* es decir, agrupar objetos por similitud, en subgrupos o subconjuntos de manera que los miembros del mismo subgrupo tengan características similares, o de la reducción de dimensionalidad, es decir, de la disminución del número de variables que intervienen en el modelo. Suele utilizarse en procesos de segmentación (agrupación) de clientes, para la organización de contenido en redes sociales o la detección de anomalías.

8.1.4. Aprendizaje por reforzamiento

Esta forma de aprendizaje se emplea en situaciones en las que un agente (generalmente, aunque no exclusivamente, un computador) toma decisiones secuenciales para maximizar una recompensa a lo largo del tiempo. El agente aprende a través de la interacción con su entorno, recibiendo retro-alimentación positiva o negativa según las acciones tomadas. Es muy empleado en Robótica, en juegos, en optimización de rutas y en control de procesos.

8.1.5. Aprendizaje semi-supervisado

Cuando se combinan elementos del aprendizaje supervisado y no supervisado, utilizando conjuntos de datos que contienen tanto ejemplos etiquetados como no etiquetados, se habla de aprendizaje semi-supervisado.

Con él, el modelo se entrena inicialmente con los datos etiquetados y luego utiliza la información de los datos no etiquetados para mejorar su rendimiento. Esta versión del aprendizaje es especialmente útil cuando la obtención de etiquetas es costosa o requiere mucho tiempo.

8.2. Razonamiento automatizado

Otra importante rama de la IA es el razonamiento automatizado, que se ocupa de desarrollar sistemas y algoritmos capaces de tomar decisiones lógicas y resolver problemas de manera automatizada, es decir, sin intervención humana directa. Se trata de aplicar reglas lógicas y algoritmos matemáticos para procesar información y llegar a conclusiones ajustadas a la lógica del contexto en el que se esté trabajando, con el objetivo de reproducir la capacidad humana de razonamiento en los computadores. Por eso este campo es fundamental en la construcción de ADS capaces de realizar tareas complejas que requieran un razonamiento lógico y deductivo.

En general el razonamiento automatizado es esencial para mejorar la eficiencia, la precisión y la capacidad de toma de decisiones en un gran número de aplicaciones que incluyen la logística y la planificación automatizada de recursos, la toma de decisiones, la verificación de software, el procesamiento de lenguaje natural, los vehículos autónomos o la resolución de problemas en distintos escenarios prácticos y puede involucrar diferentes técnicas y enfoques, como la lógica proposicional, la lógica de primer orden, la programación lógica, la resolución de restricciones... a cuya descripción, siquiera breve, no podemos dedicarnos aquí porque se sobrepasarían los límites y el objetivo de este libro.

8.2.1. Planificación automatizada

La planificación automatizada es una sub-disciplina de la IA que se centra en la generación de planes o secuencias de acciones para lograr objetivos específicos. En esos contextos el razonamiento automatizado se utiliza para tomar decisiones lógicas y generar planes eficientes en una amplia variedad de aplicaciones, como por ejemplo la asignación de recursos, la ciberseguridad y gestión de fraudes, los asistentes personales digitales (Siri, Google Assistant, Amazon Alexa, Samsung Bixby, etc.), la gestión de inventarios o las operaciones de las cadenas de suministros.

Algunos enfoques comunes de razonamiento automatizado en planificación incluyen métodos de búsqueda heurística y de planificación basada en reglas, en lógica, en restricciones o en agente. A partir de la representación del dominio en el que se desarrollará la aplicación, lo que incluye la descripción de objetos, estados iniciales, acciones, precondiciones y efectos, esos elementos se representan en un lenguaje formal, para que el sistema pueda comprender y razonar sobre el problema. A partir de ahí, el usuario especifica los

objetivos que se deben lograr mediante la planificación, lo que también se ha de representar en términos
formales para que el sistema pueda entenderlos. Luego,
utilizando técnicas de razonamiento automatizado, el
sistema de planificación generará planes que descri-
ban una secuencia de acciones necesarias para lograr
los objetivos especificados. Estos planes se generan
teniendo en cuenta las restricciones y las relaciones
entre las acciones y los estados del mundo. Una vez que
se ha generado un plan, el sistema puede ejecutar las
acciones planificadas en el entorno real, actuando las
técnicas de razonamiento automatizado para supervi-
sar la ejecución y ajustar el plan si es necesario debido
a cambios inesperados.

Describamos el proceso de planificación automatizada con un ejemplo sencillo para ilustrar cómo un
sistema de planificación automatizada puede abordar
una tarea específica. Imaginemos que tenemos un robot
doméstico al que le encargamos que nos prepare una
taza de manzanilla. La representación de este problema en términos de planificación automatizada podría
quedar así:

Descripción del dominio

Objetos	Taza, agua, bolsa de manzanilla, her-vidor y robot.
Estados iniciales	El hervidor está vacío, el robot está en reposo.
Acciones	Llenar el hervidor con agua, calentar el hervidor, colocar la bolsa de man-

zanilla en la taza, verter agua caliente en la taza, servir la manzanilla.

Precondiciones y efectos	Por ejemplo, la acción "Calentar el hervidor" tiene como precondición "El hervidor está lleno" y como efecto "El agua en el hervidor está caliente".
Representación formal	Mediante un lenguaje formal, describimos las relaciones y restricciones entre objetos, acciones y estados del mundo.
Objetivos	El usuario especifica que el objetivo es "Tener una taza de manzanilla caliente en la mano".
Generación del plan	El sistema de planificación automatizada utiliza métodos como búsqueda heurística, basada en reglas, etc., para generar un plan. Un posible plan podría ser:

—Llenar el hervidor.
—Calentar el hervidor.
—Colocar la bolsa de manzanilla en la taza.
—Verter agua caliente en la taza.
—Servir manzanilla.

Ejecución del plan	El robot ejecuta las acciones planificadas en el entorno real. El sistema de planificación automatizada supervisa la ejecución y ajusta el plan si es necesario. Por ejemplo, si el hervidor no se llena correctamente, el sistema podría replanificar para corregir la acción.

| Supervisión y ajuste | Durante la ejecución, el sistema de razonamiento automatizado supervisa el progreso y ajusta el plan si surgen cambios inesperados, como la falta de agua en el grifo. |

Como puede suponerse, en problemas más complejos el sistema consideraría una variedad de factores y posibles obstáculos para generar planes efectivos y robustos.

8.2.2. Toma de decisiones automatizada

En nuestro día a día nos enfrentamos de forma constante a la toma de decisiones: desde revisar nuestros teléfonos móviles, decidir si cruzamos o no una calle o cómo nos vestimos. Se sabe que realizamos una media de 35.000 decisiones diarias. Pero también que realmente somos conscientes de menos de un 1% de esas decisiones, es decir, que pasamos por alto un 99,74% de las decisiones que tomamos. Un dato tan simple justifica de sobra la importancia que tiene la toma de decisiones automatizada, que emplea sistemas, algoritmos y tecnología basada en IA para tomar decisiones sin intervención humana directa o con una intervención mínima, y se utiliza en una amplia gama de contextos y aplicaciones para agilizar y optimizar ese tipo de procesos, principal pero no exclusivamente en situaciones donde las decisiones son repetitivas, están basadas en reglas o pueden ser respaldadas por datos y algoritmos.

Para que nuestros ADS actúen igual o mejor que lo hacemos las personas, los problemas de decisión han de formularse, definirse, de una manera rigurosa para que no haya resquicios que puedan llevar a malas prácticas, conclusiones equívocas o, en definitiva, a no darnos soluciones correctas al problema que estemos intentando resolver.

Aunque cualquiera puede describir lo que es un problema de toma de decisiones, cuando hemos de dejar que sea un ADS quien lo resuelva, la descripción intuitiva que podemos ser capaces de dar sin mayores complicaciones ha de dejarse de lado y recurrir a los conceptos teóricos que nos garanticen el buen funcionamiento de nuestro sistema. En concreto, un problema de decisión pasa por conocer al menos los siguientes elementos [Lam]:

— Un decisor, que puede ser una única persona, ya sea física o jurídica, o un grupo de decisores, lo que daría lugar a un problema de decisión multipersonal.
— Un conjunto de acciones sobre las que el decisor puede elegir. Como es obvio, para que haya problema, deberá haber dos elementos al menos.
— Un conjunto, denominado Ambiente, constituido por las situaciones (habitualmente llamadas Estados de la Naturaleza) que puede encontrarse el decisor a la hora de elegir, y que no puede controlar.
— Un conjunto de consecuencias asociadas a cada acción y cada estado.

— Un criterio que ordena las consecuencias. Este criterio no tiene por qué ser único en el caso de que haya más de un decisor, en cuyo caso lo que tendremos será un problema de toma de decisiones multicriterio.

— El tipo de información disponible, que no tiene porqué ser necesariamente de naturaleza probabilística, pudiendo tener otra naturaleza diferente: posibilística, difusa, imprecisa, irrelevante, etc.

— La duración del proceso, que podría consistir en una única etapa o en varias, y

— El contexto en el que se desarrolla el problema, y que puede tener distintas características según sea, por ejemplo: ético, competitivo, de estrés, en presencia de adversarios, de sostenibilidad, etc.

La toma de decisiones automatizadas se aplica en múltiples áreas y situaciones para agilizar y optimizar el proceso decisorio, pero es importante destacar que no siempre es adecuada, como por ejemplo puede ocurrir si en el proceso interviene de alguna forma la creatividad, se necesita empatía e inteligencia emocional, liderazgo, pensamiento crítico, que haya comunicación interpersonal, trabajar en equipo, continuas adaptaciones a diferentes medios o conciencia moral. En definitiva si se requiere el juicio humano. En todas esas situaciones, así como en muchas otras que se podrían considerar, la automatización de la toma de decisiones se utiliza hoy por hoy de manera complementaria a las decisiones humanas, permitiendo que las personas se centren en tareas de mayor valor, mientras que las decisiones rutinarias se gestionan de manera eficiente y coherente mediante ADS. Pero no hay que menospreciar que en el futuro, y probablemente a muy corto plazo, algunas de esas situaciones complejas, también puedan realizarse de forma automatizada.

8.2.3. Representación del conocimiento y razonamiento

La representación del conocimiento y el razonamiento son dos componentes fundamentales en el campo de la IA porque permiten a los computadores entender, almacenar, gestionar y utilizar información de manera inteligente, mejor que lo hacemos las personas en algunas circunstancias, aunque peor en muchas otras. Describimos sin profundizar cada uno de estos aspectos en lo que sigue.

En primer lugar, por representación del conocimiento nos referimos a la forma en que la información se organiza y almacena para que un computador pueda comprenderla y utilizarla y abarca la estructuración de datos, hechos, conceptos, relaciones y reglas de manera que el ADS en cuestión pueda trabajar con ellos de manera efectiva. Para ello, dependiendo del contexto y la naturaleza de la información (conocimiento) a gestionar, se utilizan diversas técnicas de representación: lógica, redes semánticas, marcos, grafos, ontologías y modelos probabilísticos, entre otros. La elección de la representación adecuada es esencial para permitir que el ADS de turno razone a partir de la información disponible y tome las decisiones adecuadas.

Por otro lado, por razonamiento, otra faceta esencial de los ADS, entendemos el proceso de tratar la información representada para gestionar, extraer conclusiones, tomar decisiones o resolver problemas y hay varias formas de llevarlo a cabo, como por ejemplo mediante razonamiento deductivo e inductivo, al que ya nos referimos cuando explicamos cómo funcionaban los ES, y también mediante razonamiento lógico, razonamiento basado en reglas, razonamiento probabilístico y razonamiento heurístico, entre otras, cada una de ellas con sus propias características y aplicaciones [Tri]:

— El razonamiento lógico se basa en las reglas de la lógica formal, como la lógica proposicional y la lógica de primer orden. Se utiliza para inferir conclusiones a partir de declaraciones lógicas. Si se tienen premisas verdaderas y se aplican reglas lógicas válidas, se puede llegar a una conclusión válida. Es determinista y garantiza que las conclusiones sean ciertas si las premisas son ciertas y las reglas son válidas. Generalmente se usa en sistemas de lógica simbólica, como los ES, para tomar decisiones basadas en reglas lógicas.

— El razonamiento basado en reglas utiliza reglas condicionales que relacionan condiciones (si) con acciones (entonces) y que se conocen como reglas de producción. El sistema aplica las reglas a los datos de entrada para determinar qué acciones tomar. Es muy utilizado en ES y sistemas de recomendación, donde se definen reglas heurísticas para tomar decisiones.

— El razonamiento probabilístico utiliza modelos probabilísticos, como las redes bayesianas, para cuantificar y manejar la incertidumbre en el proceso de toma de decisiones cuando la información tiene esa naturaleza, es decir, probabilística. Es especialmente útil en sistemas de diagnóstico médico y sistemas de recomendación.

— Por último, el razonamiento heurístico se basa en reglas que se apoyan en la experiencia y que, sin garantías de actuar correctamente al cien por cien, simplifican la toma de decisiones en situaciones complejas. Por ello puede dar lugar a decisiones sub-óptimas, pero sin embargo rápidas de obtener. A menudo se utiliza en situaciones donde el razonamiento lógico completo es costoso o ineficiente.

En cualquier caso, cada tipo de razonamiento tiene sus ventajas y desventajas y su elección depende del contexto, del tipo de información del que dispongamos y de los requisitos de la aplicación en cuestión, sin tener obligación por otro lado de tener que aplicar un único enfoque de razonamiento.

8.3. Robótica

La robótica es una rama interdisciplinar de la ingeniería y la ciencia que se ocupa del diseño, construcción, operación y uso de robots. Los robots son máquinas programables capaces de realizar tareas de manera autónoma o semiautónoma. Estas tareas pueden ser simples y repetitivas, pero también pueden ser más complejas, involucrando la interacción con el entorno y la toma de decisiones. Se trata de un campo amplio que se dedica al estudio y desarrollo de sistemas robóticos con el objetivo de mejorar y facilitar diversas actividades humanas.

La robótica combina principios de ingeniería mecánica, eléctrica, electrónica, informática, IA y otras disciplinas para crear sistemas robots, que pueden encontrarse en una amplia gama de entornos y aplicaciones en áreas emergentes como la robótica médica, la robótica educativa, la robótica social y la robótica autónoma, donde los robots pueden operar de manera independiente sin intervención humana directa. En lo que sigue nos centraremos brevemente en describir algunos aspectos relevantes de esta última área, sin entrar en detalles que desbordan los límites de este texto.

La robótica autónoma implica la capacidad de un robot para percibir su entorno, tomar decisiones basadas en esa percepción y ejecutar acciones de manera autónoma. Esta autonomía se logra mediante la integración de sistemas sensoriales que recopilan información del entorno, sistemas de procesamiento de datos que analizan esta información y sistemas de actuadores que permiten al robot llevar a cabo acciones físicas. Pero no hay que confundirlos con los ADS, ya que los robots autónomos tienen una presencia física y la capacidad de interactuar directamente con el entorno, mientras que los ADS se centran en la toma de decisiones automatizada y pueden operar en contextos más abstractos o virtuales. Ambos conceptos, sin embargo, se encuentran en la intersección de la automatización y la IA.

Entre las componentes clave de cualquier robot autónomo juegan un papel fundamental:

— Los sensores, como cámaras, radares o sensores inerciales, para recopilar datos del entorno circundante.

— La unidad de procesamiento, que procesa la información recopilada por los sensores a través de algoritmos avanzados ejecutados en unidades de procesamiento, a menudo potenciadas por IA y aprendizaje automático, y

— Los actuadores, que permiten al robot traducir las decisiones tomadas por la unidad de procesamiento en acciones físicas. Entre los actuadores podemos encontrar motores, brazos robóticos y otros dispositivos mecánicos.

A partir de ellas, en general, el funcionamiento siempre se ajusta a un mismo esquema:

— Se percibe el entorno mediante sensores, determinando la ubicación de objetos, los obstáculos, temperaturas y otras variables relevantes.

— A continuación se procesan los datos recogidos, analizándolos y utilizando algoritmos para interpretar la información y tomar decisiones basadas en los objetivos y parámetros programados.

— Entonces, a partir de la información procesada, se toman decisiones sobre las acciones a realizar, adaptándose dinámicamente a cambios en el entorno.

— Finalmente se ejecutan las acciones elegidas, para lo que los actuadores entran en acción a fin de llevarlas a cabo, realizando movimientos, recogiendo objetos, asignando utensilios a cierta actividad o cualquier tarea específica.

Un ejemplo más que actual de robots autónomos con funcionamiento basado en IA son los automóviles sin conductor, que ya se encuentran plenamente operativos en algunos lugares. La funcionalidad principal de este tipo de vehículo es conducir de manera autónoma sin intervención humana, para lo que a partir de sensores, capta datos que procesa en tiempo real con ayuda de algoritmos de aprendizaje automático para interpretar y comprender el entorno, identificando obstáculos, señales de tráfico, peatones y otros elementos relevantes. Entonces, basándose en la información procesada, toma decisiones en tiempo real. El vehículo, que incorpora un ADS, por supuesto puede planificar rutas, ajustar la velocidad y realizar maniobras según las condiciones del tráfico y las normas de conducción. Particularmente los actuadores del vehículo, como el sistema de dirección y los frenos, ejecutan las decisiones tomadas por el ADS, permitiendo que se desenvuelva de manera autónoma entre el tráfico de la localidad concreta por la que se mueva.

En general, los pasajeros pueden fijar un destino a través de la interfaz del sistema y, a partir de ese momento, observar cómo el vehículo realiza la conducción sin intervención humana, haciendo realidad una situación como podría ser la de solicitar un viaje a través de una aplicación de transporte autónomo: El vehículo llegaría sin conductor, y al subirse el pasaje a él, se le indicaría el destino al que quisiera desplazarse. Durante el viaje, el vehículo utilizará sus sensores y el ADS para circular por la calzada, realizar cambios de carril, detenerse en semáforos y llegar a su destino de manera segura.

En la actualidad, y entre otros proyectos de esta naturaleza, los *Waymo Self-Driving Cars* están funcionando con gran éxito en diversas ciudades estadounidenses, como Phoenix, San Francisco, Los Ángeles o Austin, donde los usuarios pueden solicitar viajes para moverse por la ciudad [Way].

Pero las aplicaciones basadas en IA de la Robótica no se limitan a este tipo de sistemas, cuyo diseño conceptual y comportamiento es el mismo para los drones, sino que también se pueden encontrar en áreas como la robótica industrial, donde los robots autónomos pueden realizar tareas complejas, como el ensamblaje y la manipulación de objetos, aumentando la eficiencia y la precisión; la robótica de servicios, donde se utilizan en la atención al cliente, la limpieza de espacios públicos o la entrega de productos; en robótica médica para cirugías y diagnósticos o incluso en misiones espaciales, donde la robótica autónoma permite a los robots explorar terrenos desconocidos y realizar tareas complejas en entornos hostiles.

No obstante este despliegue de importantes y atractivas aplicaciones de la robótica basada en IA, es importante destacar que en cualquier caso concreto, la fiabilidad y seguridad de los robots autónomos son aspectos críticos, especialmente en entornos donde interactúan con humanos, donde además la toma de decisiones autónoma plantea cuestiones éticas, como la responsabilidad en caso de errores y la toma de decisiones en situaciones éticamente complejas, sin olvidar que la integración efectiva de robots autónomos en entornos humanos requiere un diseño cuidadoso así como rigurosas consideraciones sobre la interacción natural y segura.

En definitiva, la robótica autónoma es un apasionante y emocionante campo en constante evolución, con aplicaciones que transforman industrias y mejoran la eficiencia y la seguridad en diversas áreas. Sin embargo, es crucial abordar desafíos técnicos y éticos para garantizar un despliegue responsable y beneficioso de esta tecnología emergente que promete un futuro donde los robots desempeñarán un papel integral en mejorar la calidad de vida y la eficiencia en una vasta variedad de campos.

13. Epílogo. Últimas consideraciones

La continua presencia de aplicaciones en los móviles, que vigilan casi cualquier faceta de nuestra vida; nuestra actividad en las redes sociales, que modifican nuestros hábitos o la (presunta) IA que nos amenaza con un futuro incierto, nos muestran un panorama poco alentador a primera vista, en el que un ejército de agoreros, generalmente bastante desinformados, vaticina que cualquier tiempo futuro será peor. Sin embargo no todo es negativo. Ni mucho menos. Y es que siempre los cambios tecnológicos que han transformado la sociedad, en los primeros compases han alumbrado perspectivas pesimistas, pero es bien cierto que en todos los casos, más adelante, han supuesto importantes avances en todos los ámbitos de nuestras vidas cotidianas, que han favorecido el progreso social y la mejora de la calidad de vida.

En el caso que aquí nos ocupa, el de la IA, ese argumento hay que reforzarlo, porque si bien es cierto que a la larga la situación global mejorará con la ayuda de esta nueva tecnología, a corto plazo puede provocar disfunciones que nos perjudiquen, tanto a título personal como colectivo, cuando con total seguridad está en nuestra manos paliar, o incluso evitar por completo, los posibles efectos perniciosos que pueda haber. No se trata de ser optimistas sin más. Se trata de argumentar y mantener una postura crítica y exigente que, soportada por la Ciencia, sitúe el foco del desarrollo en garantizar que la IA actúe anteponiendo la seguridad y el bienestar de las personas, a otro tipo de intereses.

Teniendo en cuenta que convivir con la IA no es posible sin que la sociedad, en su conjunto e individualmente, esté bien equipada tecnológicamente, porque saltarse este requisito es como una versión actualizada de la condena faraónica a los hebreos cuando se ordenó a estos fabricar ladrillos sin paja, a través de tres ejes podemos y debemos actuar para alinearnos con esa estrategia de concentración en las personas: la formación y capacitación de cada individuo, el control sobre los datos sensibles, tanto personales como institucionales, y la supervisión y regulación de los desarrollos basados en IA.

Así, por un lado, los gobiernos tienen que potenciar la formación y capacitación de la ciudadanía en el uso de las TIC y muy especialmente en el de la IA. Aunque ya no se discuten las ventajas que aporta la transformación digital al desarrollo social y a la evolución de las administraciones públicas, la facilidad que tenemos las personas para aprovechar los beneficios de la digitalización administrativa ofrece muchas dudas, ya que en muchos casos los usuarios carecemos de una mínima formación para usar apropiadamente las correspondientes herramientas, favoreciendo la creación de brechas sociales cada vez mayores por falta de capacitación digital.

Además, de la misma manera que se exige transparencia administrativa en todos los niveles de la gestión pública, reclamando comportamientos éticos, hay que redoblar los esfuerzos porque esto sea así también en el caso de los ADS, entre otras razones para tratar de minimizar los riesgos de perjuicios sobre las personas que puede entrañar su uso inconsciente, indiscriminado o tendencioso. En esa línea potenciar el uso de datos y software libre en el diseño, implementación y explotación de los ADS debería ser obligatorio.

Desde otro punto de vista, y de la misma forma que nadie puede poner en el mercado un alimento o un medicamento sin que tenga los pertinentes sellos de seguridad y calidad, hemos de aprender a convivir con la IA y controlar su uso. Pero vigilar un mundo que no existe, porque está en continua transformación y no se sabe hacia dónde evoluciona, es muy difícil. Un ADS ha de tener la capacidad de aprender y mejorar con el tiempo, y eso hace muy difícil regular las acciones que conlleve su comportamiento. Sin embargo esa regulación es tan imprescindible como ha de serlo su continua y rápida actualización, por lo que surge la necesidad de la creación de Agencias de Supervisión de la IA que garanticen, tanto que los ADS realmente incorporan IA como que sus efectos, siendo los que se describen, nunca perjudicarán a las personas.

Por último, en cualquiera de esos tres ejes, hay que exigir que la transformación y explotación mediante

ADS de cualquier escenario administrativo, producti-
vo o social, garantice por completo la seguridad y la
privacidad de los datos de las personas que los usen.

Bibliografía

[Bel] Bellman, R.: Artificial Intelligence: Can Computers Think? Thomson Course Technology, 1978.

[Cal] Calvo, D.: https://www.diegocalvo.es/clasificacion-de-redes-neuronales-artificiales/#:~: text=Red%20 neuronal%20recurrente%20(RNN),que%20la%20red%20 tenga%20memoria.

[Cha] Charniak, E., and D. V. McDermott: Introduction to Artificial Intelligence. Reading, MA, Addison-Wesley (1985).

[Des] De Spiegeleire, D., M. Maas and T. Sweijs: What is Artificial Intelligence? Hague Centre for Strategic Studies (2017).
https://www.jstor.org/stable/resrep12564.7

[Dec] Descartes, D.: Discurso del Método. Colección de Política y Ciencias Sociales. Losada (2004).

[Dur] Durkin, J.: Expert Systems: Design and Development. Prentice Hall (1994).

[Eli] Guiding Principles for Automated Decision-Making in the EU. Eli Innovation paper (2022).
https://www.europeanlawinstitute.eu/fileadmin/ user_upload/p_eli/Publications/ELI_Innovation_Pa-per_on_Guiding_Principles_for_ADM_in_the_EU.pdf

[Eur] European Commission. Directorate-General for Communication: High-Level Expert Group on Artificial Intelligence. A definition of AI: Main capabilities and scientific disciplines.
https://ec.europa.eu/futurium/en/system/files/ged/ai_hleg_definition_of_ai_18_december_1.pdf

[Foo] Foot, P.: The Problem of Abortion and the Doctrine of the Double Effect. Oxford Rev. 5 (1967).

[Gar] Gardner, H.: Inteligencias múltiples. Buenos Aires: Paidós (1983).

[Gor] Gorry, A. and M.S. Scott-Morton: A Framework for Information Systems. Sloan Management Review, 13, 1, Fall 1971, 56-79.

[Hau] Haugeland, J.: Artificial Intelligence: The Very Idea. MIT Press (1985).

[Jac] Jackson, P.: Introduction to Expert Systems. Addison Wesley (1998).

[Kee] Keen, P. G. W. and M. S. Scott Morton: Decision Support Systems: An Organizational Perspective. Reading, MA: Addison-Wesley, 1978.

[Kur] Kurzweil, R.: The Age of Intelligent Machines. Cambridge, Mass. MIT Press (1990).

[Lam] Lamata, M.T., D.A. Pelta y J.L. Verdegay: Fuzzy Information and Contexts for Designing Automatic Decision-Making Systems. En F. Herrera et al. (eds.): Advances in Artificial Intelligence. Lecture Notes in Artificial Intelligence 11160. Springer Cham 174-183 (2018).
https://doi.org/10.1007/978-3-030-00374-6_17

[Lec] LeCun, Y., L. Bottou, Y. Bengio and P. Haffner: Gradient-Based Learning Applied to Document Recognition. Proceedings of the IEEE 86, 11, 2278-2324 (1998).

[Leg] Legg, S. and M. Hutter.: A Collection of Definitions of Intelligence. https://arxiv.org/abs/0706.3639.

[Lit]   Little, J. D. C.: Models and Managers: The Concept of a Decision Calculus. Management Science, 16, 8, April 1970, B466-485.

[Lug]   Luger, F and William A. Stubblefield: Artificial Intelligence: Structures and Strategies for Complex Problem Solving, 2nd ed. California: Benjamin/Cummings (1993).

[Map]   McCulloch, W.S. and W. Pitts: A logical calculus of the ideas immanent in nervous activity. Bulletin of mathematical biophysics 5, 115-133 (1943).

[McC]   McCarthy, J., M. Minsky, N. Rochester and C. Shannon: A Proposal for the Dartmouth Summer Research Project on Artificial Intelligence (1955). http://www-formal.stanford.edu/jmc/history/dartmouth/dartmouth.html

[Min]   Minsky, M.: The Society of Mind. Simon and Schuster, New York (1985).

[Nil]   Nilsson, N.J.: The Quest for Artificial Intelligence: A History of Ideas and Achievements. Cambridge, New York. Cambridge University Press (2010).

[Ric]   Rich, E. and K. Knight, Artificial Intelligence, 2nd Ed. New York. McGraw-Hill (1991).

[Rih]   Richardson, R.: Defining and Demystifying Automated Decision Systems. 81 Maryland Law Review 81, 3, 785-840 (2022).

[Rum]   Rumelhart, D.E., G. E. Hinton and R. J. Williams: Learning representations by back-propagating errors. Nature 323, 6088, 533-536 (1986).

[Sch]   Schalkoff, R.I. (1990): Artificial Intelligence: An Engineering Approach. New York: McGraw-Hill (1990).

[Tai]   Taine, H.: De l'Intelligence. Two volumes, Paris (1870). Traducción inglesa de T. D. Have, 1875.

[Tri]   Trillas, E.: Divagaciones sobre pensar y razonar. Editorial Universidad de Granada (2021).

[Tur]   Turing, A. M.: Computing Machinery and Intelligence. Mind, 59(236), 433-460 (1950).

[Way]   Waymo Self-Driving Cars. https://waymo.com/intl/es/waymo-one/

[Win]   Winston, P.H.: Artificial Intelligence. Addison-Wesley Publishing Company (1992).